生き物と向き合う仕事

田向健一 Tamukai Kenichi

★──ちくまプリマー新書
249

構成　田中奈美

目次 ＊ Contents

本文・帯イラスト　tokco

序　章　僕が獣医師になったわけ

生き物好きのルーツ

僕は動物の医者をしている。動物の医者といっても、ウシや動物園にいるような大きな動物を対象とした獣医師ではなく、ペットのイヌやネコ、小動物を診療する街の獣医師だ。僕が獣医を職業として選んだ理由は、多くの獣医師がそうであるように生き物が大好きで生き物を相手にする職業につきたいと思ったからである。

僕の生き物好きは幼少期にさかのぼる。生まれ育った場所は、愛知県大府市《おおぶし》という名古屋の南に突き出した知多半島の付け根部分にある、当時人口七万人くらいの小さな町だった。知多半島には大きな山や河川がないかわりに、ちょっとした雑木林や人工的なため池、田んぼが多かった。そして、雑木林には少年の憧れのカブトムシやクワガタ、ため池にはザリガニやゲンゴロウなど、たくさんの生き物が棲《す》んでいた。

両親は共働きで家は学校から遠く、近所にクラスの友達もあまりいなかったため、家に帰るといつもひとりぼっちだった。そこで毎日、田んぼに虫を捕まえに行ったり、ため池に魚釣りに出かけた。いま思うと暗いと思うかもしれないけれど、アリが地面にせっせと穴を掘っているのを眺めるのが好きだった。

あるとき、アリの巣を棒で突いて壊したことがあった。でも、また翌日にはきれいに巣が修復されているのを見たときは、すごく感動した。そうした光景を身近に見ているうちに、「生き物は面白いな」と興味を持つようになった。そして、家では捕まえてきたたくさんの生き物を飼っていた。ダンゴムシ、クモ、カエル、ヘビ、トカゲ、ザリガニ。また、親に頼み込んで、ハツカネズミやブンチョウなどを買ってもらったこともある。

図鑑で生き物の特徴などを調べて、野外のどんなところに生き物が棲んでいるんだろう、どうやったらうまく捕まえられるんだろう、とひっそり想像するのが楽しみだった。そんな環境で育った僕は、そのとき味わったワクワク感の虜《とりこ》になり、以来、生きとし生けるもの、ペットから野生生物、大自然すべてが興味の対象となった。

僕はいまでもたくさんの生き物を飼育している。僕にとって飼うことは「趣味」の一つだ。この趣味が確立したのは、中学校に入って、熱帯魚の水槽セットを買ってもらったあたりからのことだろう。そして熱帯魚の専門雑誌を定期購読し、たくさんの熱帯魚の種類を覚え、また飼い方を勉強するようになった。

中学二年になったとき、みんながテレビゲームに夢中になっているさなか、熱帯魚雑誌に載っているペットショップの広告にくぎ付けになった。アマゾンに生息するグリーンイグアナが載っていたのだ。それからというもの、イグアナを飼うことばかり考えることになった。日本でイグアナを飼っている人はほとんどいなかった時代だ。もちろん飼育書などなかったので、地図帳で生息地であるアマゾンの気温や湿度を調べたり、図鑑の後ろに載っていた日本の「トカゲの飼い方」を参考にしたりして飼育環境を研究した。

また、いまは爬虫類《はちゅうるい》を飼育する専用器具は揃《そろ》っているけれど、当時は一切そういったものがなかったので、自転車で三〇分程行ったところにあるホームセンターに何度も通って材料をすこしずつ買い揃え、イグアナの飼育ケージを自作した。そして、学校のテストでクラス一〇位以内に入るのを条件にイグアナを買ってもらう交渉をして、猛勉強の末、見事、イグアナを買ってもらった。

そんな子どもだったので、イグアナを飼う頃には、生き物に関わる仕事をしたいと考えるようになっていた。ただ、その頃はまだ獣医師という発想はなく、「アニマ」（平凡社、一九九三年休刊）という動物を扱った月刊誌を眺めながら「生態学者がいいなあ」とか「動物カメラマンになりたいなあ」などと漠然と考えていた。

野生動物の研究をしたいとも思ったが、具体的な職業が思い浮かばなかった。いまでこそ大学で野生動物の保全や保護も研究できるようになったが、当時はそういう場所がほとんどなく、生き物に関わる仕事で食べていくというのはどういうことか、さっぱりわからなかった。

あるとき、大切にしていたイグアナの食欲が落ちたことがあった。それについていろいろ調べると、「病気になる」ということが書いてあった。イグアナも病気になるんだ、といま思えば当たり前だが、この時初めて「動物の病気」を身近に意識するようになった。そこで動物の病気を治す仕事もあることを知ったのだが、当時日本でイグアナの病気を診られる獣医師はいなかった。それなら自分で治してみたい！　これが、僕が獣医を目指すきっかけとなったのだった。

もっともその後、獣医学科の入試の面接で、「大学ではイグアナの病気は勉強できない」ということを知り、愕然《がくぜん》とすることになるのだが……。

獣医学で学ぶこと

入学するまで知らなかったのだが、人間と動物の医学には大きな違いがある。人間の医学の中心は、当たり前だけど人間の病気やケガを治療したり予防するための学問だ。しかし獣医学の成り立ちは、動物の病気やケガを治療したり予防するために始まったのではなく、その根源は人類の健康と食を守るための学問なのである。

日本の獣医学の歴史は、戦争に連れて行かれるウマやイヌ、すなわち軍馬と軍犬を診ることからはじまった。その後戦争が終わって、今度は人間の食糧をちゃんと確保するための家畜（ウシ、ブタやニワトリなど）をいかに安定供給できるかが、獣医学の対象となった。これは現代の獣医学教育でも大主流であり、いまでも受け継がれその基盤となっている。

日本は戦後、劇的な経済成長を遂げて食糧の確保も軌道にのり、人々の心にゆとりが生まれるようになってきた。そして「ペットを飼う」ということが一般的になった。ここで初めて、ペットを病気やケガから守るという学問が獣医学の中に含まれるようになったのだ。

獣医学部に入ると、英語、数学、生物学などの教養課程を経て、解剖学、分子生物学、動物生態学、公衆衛生学、微生物学、薬学、病理学、内科学、外科学……などなど、ここに書ききれないくらいの専門科目、さらには食品加工場や下水処理施設見学など、一見すると獣医とはまったく関係ないように見えることまで、一から学ぶ。

動物病院で行うような、動物を相手に診察や治療をする臨床学を学ぶ期間は、大学六年間のうちの正味一年間くらいしかない。また、臨床の対象となる動物もいまだにウマやウシなどの家畜で、ペットはイヌネコを少し勉強する程度だ。

近年は僕の病院同様、ウサギやハムスター、さらには爬虫類など、イヌネコ以外のエキゾチックアニマルといわれる動物を診る病院も出てきているが、これらの動物の診療は、僕らの先輩たちが臨床の現場で開拓してきたものであり、いまでも大学では一切学ばないといってもいいくらいの状況だ。

獣医大学で学ぶ動物の病気の研究も、もとをたどれば動物を救うためではなく、人間が畜産物としての食糧を安定的に確保するためにある。一定期間で任務を終える家畜では、仮に腫瘍ができても外科手術することはない。ウシやブタの産業動物には、「治す」という概念がペットに比べると少ない。このため家畜伝染病の発生予防や、蔓延《まんえん》を防ぐために定めた家畜伝染病予防法という法律では、そこで定められた家畜伝染病にかかった動物は、摘発淘汰《とうた》（殺処分）することになっている。すなわち、感染症動物を見つけたらその個体がいる集団を排除し、防除することに専念しなければならない。

そこでの獣医師の仕事は、「病気の個体を見つけること＝治すこと」ではなく、病気を的確に検出し、他の個体に影響を与えないように病気をコントロールすることにある。

鳥インフルエンザが見つかれば、養鶏所にいる何万羽のニワトリがすべて殺される。宮崎県のウシが口蹄疫《こうていえき》で何万頭も殺処分されたのも同じだ。一般の人にとってはひどいと思うかもしれないが、病気を拡散させないためのコントロールとして、仕方のないことなのだ。

ウシやブタなどの家畜以外では、魚やミツバチの病気も獣医学の対象となる。これも養殖産業や養蜂産業のためだ。養殖魚に関して、病気の予防のためにハマチやマダイに使うワクチンの勉強をしたり、ミツバチではミツバチ腐蛆《ふそ》病という、細菌の感染によって幼虫が壊滅的に死んでしまう病気も学ぶ。幼虫が壊滅したら養蜂業者はお金を稼ぐことができなくなるので、実際に養蜂業がさかんな地域の家畜保健衛生所では、獣医師が定期的にミツバチの箱に細菌がいないかをチェックし、いたらその箱を捨てるということをしている。

食品科学という学科では、家畜を利用していかに美味《うま》い肉（食用肉）をつくるか、いかに汚染されていない肉をつくるかを勉強する。具体的には、ウシやブタを育てるときに、どんな飼料や栄養素を与えるといい肉ができるかとか、肉を加工するときにいかに腸内の菌に触れさせないように解体するかなども学ぶ。また、どれくらいの温度でどれくらい時間が経った肉が一番美味《おい》しく食べられるかなども学ぶ。

乳牛から生産される牛乳だが、恥ずかしい話、僕は乳牛であれば三六五日ずっと牛乳が出ていると思っていたが、実際は人間のお母さんと一緒で出産後の授乳期でなければ乳は出ない。だから人工的に妊娠させて（人工授精）、年間を通じて効率的に牛乳が出るようなプログラムを繁殖学で勉強する。また、ニワトリに卵をたくさん産ませるためには、日照時間や室温を電気でコントロールし、いかに卵の生産性を高めるかを学ぶ。

こんなふうに、獣医大学で学ぶことの多くは臨床学ではない。僕らが食べている畜産物の裏には、全て獣医学が関わっているのだ。言い方は悪いかもしれないけれど、獣医大学では基本的に「人間が動物を利用する」ことを学び、研究することになる。

だから獣医学部に入ると、病気を診るとか診ないとか、命を殺すとか生かすとか、死んでかわいそうなどというレベルではないところで、みんな勉強する。そもそも、獣医師の国家資格の管轄も医師の厚生労働省ではなく農林水産省なのだ。

僕は入学するまで、獣医学がそんな学問だとは気づきもしなかった。だいたい、動物を「利用する」なんて、考えたこともなかった。獣医学部を目指す学生は、ほとんどみんなが僕みたいな動物好きだ。僕はその中でもかなりコアな動物好きだったけれど、イヌを飼っていて「イヌは家族と同じ」とか、「ウシがかわいいから牧場で働いてみたい」とか、そんな普通の気持ちをもつ学生たちばかりだ。動物好きは、動物がたくましく、美しく生きる姿ばかりを見てきているから、実際の入学後のギャップは大きい。でも六年間にわたり獣医学を勉強していくと、いつのまにか「獣医学脳」に変化していく。そして卒業後は、動物病院の他に、畜産業の家畜を診る獣医師や製薬会社の研究職、食肉衛生検査所、自治体の生活衛生課の公務員、空港の家畜検疫官、大学に残って研究者などじつにさまざまな職業につく。一般に獣医さんというと、「動物のお医者さん」のイメージしかないかもしれないが、本当はとても幅広い。そこが獣医学の面白いところだと思う。

生き物に関わる仕事をしたい若い人たちへ

本書は、僕が獣医学と獣医師という職業を通じて知った「生き物」についての本である。なぜ今回、この本を書こうと思ったのか。それにはこんなわけがある。

以前、僕の病院で起きた出来事やエピソードをまとめた本を出した。以来、嬉《うれ》しいことに全国の小学生から高校生まで、たくさんの手紙を子どもたちから頂くようになった。手紙の中には「将来、生き物を相手にした仕事につきたいです。先生みたいな獣医さんになりたいです。獣医さんになるには、どんなことをいま知っておく必要がありますか?」「動物を救う職業なのに、大学の勉強で動物を殺すような矛盾はどうやって考えますか?」というような質問がよく書いてある。

僕は、手紙をくれた人たちには、いつも返事を書くようにしている（遅くなることも多いけど……）。しかし、頂いた質問に対してちゃんと答えようとすると、「こりゃ、手紙だけでは、ぜんぜん伝わらないな」と困惑する。なぜなら、きちんと伝えるには、僕が獣医学部で過ごした六年間と、その後の獣医人生で学んだ生き物についての知識や考えが必要だと思うからだ。

獣医大学で学ぶ内容は、先ほど書いたように、非常に広範囲に及ぶ。当時の授業を思い出したり、生き物好きのさまざまな職業の方と話をしたりすると、いまとなっては、生き物を扱う職業であれば、生物学者や生態学者、昆虫学者やウイルス学者でもよかったのかもしれない、と思うことがときどきある。

誤解しないでほしいのは、何も僕が他の職業を羨ましいと思っているわけではないということ。大学を卒業し、勤務医時代を経て自分で病院を開き、現場でいろいろな経験を重ねるたび、獣医大学で学んだことは、生き物の生命活動すべてに通じていることに気づかされる。生命科学に含まれるそれぞれの分野はとても幅広く、どれも興味深い。

そこで本書は、生き物好き、動物好き、そして将来獣医師に限らず生き物のことや命を扱うような職業につきたい、と考えている若い人たちに、「生き物とは、命とは、生きるとは、病気とは、死ぬとは」など、僕がこれまで学び、経験し、考えてきたことを、なるべく楽しく紹介できたらと思う。

雑木林で生き物を探しているときに感じたちょっとした探検家気分、あるいは初めて見る動物のふしぎな行動を観察したときの興奮は、知れば知るほど奥が深く、どんどんはまっていく生命科学の魅力と似ている。本書が、自分の将来を考えるときに、広大な生命科学の分野の中で、自分の興味ある分野を見つけるきっかけになれば嬉しい。では、始めよう。

第一章　生き物の体のふしぎ

生き物であるための条件

序章で僕はずっと生き物が好きだったと書いたが、そもそも、生き物とは何だろうか。地球上には、世界最大の生物シロナガスクジラから、顕微鏡で見ないとわからない細菌などのバクテリアまで、未知の生物を含めるとその数は八七〇万種以上とも言われている。そして、そのすべての生物に共通しているのは、体を構成する基本単位はすべて「細胞」でなっているということだ。

アメーバや細菌などは、一つの細胞からなる単細胞生物だ。複数の細胞からなる生物は多細胞生物と言われる。人間は、約六〇兆個もの細胞が集まって形作られた多細胞生物である。こうした生き物の体を作る細胞は、形は多少違うものの、基本的な構造はどれも似ている。それは、生命誕生の歴史と関係していると言える。

生物の歴史をひもとくと、一番はじめの生物は太古の海の中で誕生したと考えられている。海の中で薄い膜が何らかのきっかけから袋のようになり、その袋の内側のタンパク質と遺伝子が含まれたものが細胞の始まりなのだそうだ。

動物の身体は細胞が集まってできていると言ったけれど、その一つ一つの細胞内に含まれるナトリウムやカリウムなどのイオンは、その生命が始まった原始の海水のイオン構成比と似ていると言われている。この比は生物種によってあまり変わりがなく、言い換えれば、原始の海水を現代まで細胞内にずっと保持していることになる。すべての生物は共通の祖先を持つと言われるのもよくわかる。

細胞の形態は、一見するといろいろなおかずが入ったお弁当箱に似ている（図1-1）。まず外側に、細胞を外界と区別する袋状の膜がある。これを細胞膜と言い、お弁当の箱に相当する。細胞膜の主成分は、リン脂質という物質が二重になっており、二重脂質層と呼ばれている。

また細胞膜の内側には、お弁当の具のように、核や細胞小器官と言われるいくつかの器官、たとえばミトコンドリア、リソソームなどが入っていて、生き物の最小単位である細胞を構成する。

核は、ふつう一つの細胞の中に一つあって、通常DNA（遺伝子）と呼ばれる細胞の情報が入っている。いわゆる遺伝情報で、細胞が分裂をするときに同じ細胞を作る設計図のようなものだ。ミトコンドリアは細胞の中にいくつもあり、酸素を使って生命が生きていくために絶対に必要なエネルギー（アデノシン三リン酸：ＡＴＰ）を作っている。いわば、細胞内の発電所のような役割を担っている。リソソームは、細胞外から取り入れた物質や古くなった自己細胞を酵素を使って加水分解する働きがある。言うなれば余分なものを処理するごみ処理施設のような働きをしている。

このように細胞内でのエネルギーを得たり、タンパク質を作ったりする一連の働きは「代謝」と呼ばれ、役割の異なるいくつもの細胞小器官によって一つの細胞を運営していることになる。

また、生物の条件として、自分で増えることができるということも挙げられる。僕らのような多細胞生物は、メスの卵子とオスの精子がくっついて一つの細胞である受精卵を形成する。この受精卵が細胞分裂し（卵割）、最終的に六〇兆個の細胞となり、それが形を持った新しい命となって生まれてくる。細菌やアメーバなどの単細胞生物であれば、細胞分裂によって増殖する。これらの細胞が最終的に同じ生物を作り上げるのは、先ほど説明したＤＮＡの情報によるものだ。

すなわち、生き物とは何？　と聞かれたときには、一つには次のように答えることができ

細胞の構造

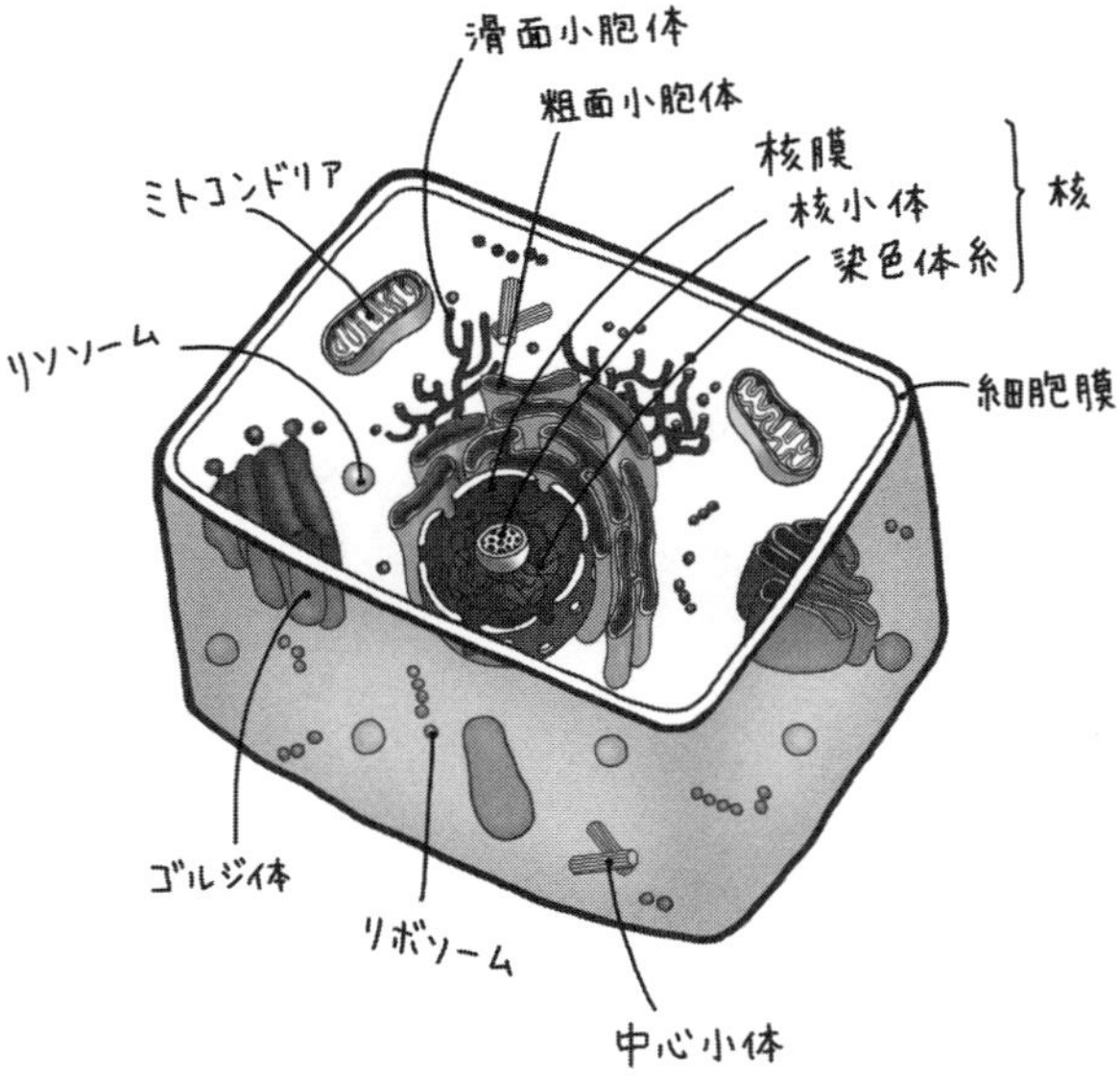

図１－１　細胞の構造は、いろいろなおかずが入ったお弁当箱に似ている

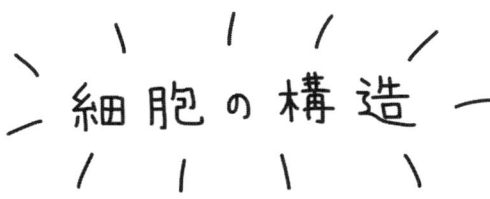

る。細胞という基本単位からできており、生きていくために、細胞内に必要な物質を取り込んでエネルギーを作り出したり、酵素を使って分解したり、タンパク質を合成したりする代謝を行う。また、DNAの情報にのっとって同じ子孫を残すことができる、と言えよう。

しかし中には、この生物の条件に当てはまらない生き物っぽいものもいる。ウイルスがそうだ。ウイルスは僕らにとって、細菌同様に病気の原因となるので同じ仲間のように思われるかもしれないが、その構造は他の生き物とはまったく異なる。

ウイルスは生物の定義において必須の細胞膜がなく、また核などもない。あげくの果てには自分で増殖することもできないのだ。その代わりに、DNAやRNAの遺伝情報を持っている。

どうやって自分と同じウイルスを増やすかというと、生きた細胞の中に入り込んで寄生し、相手の細胞の代謝を利用して、細胞の中で同じウイルスを作ってもらって増殖する。このため前述の生物学的な定義からすると、ウイルスは生き物ではないとも言われる。でも考えてみたら、自分では増えられないので、代わりに寄生した相手に作らせてしまうなんて、どうやってそんなことを思いついたのだろう。自然の偉大さを感じずにはいられない。ウイルスは研究者によっては究極の生命体と呼ばれることもある。

獣医大学の微生物学実習で、実際に細菌やウイルスを培養することがある。細菌はシャーレの中の寒天培地に、それぞれの細菌が好むブドウ糖や血液などの栄養素を入れた培地に塗ることによって増やすことができる。しかし、ウイルスは寒天培地では増殖できない。寒天は言ってみれば海藻のエキスであり、生きている細胞ではない。死んだ動物の肉と一緒だ。細菌は死後の肉である精肉でも増殖できるけれど、ウイルスは生きている細胞内でないと増殖することができない。

ウイルスを増殖させるときは、寒天培地の代わりに受精卵を使う。これを「鶏卵培養法」という。スーパーで売っている卵は無性卵、つまり生きていないからウイルスを増殖させることはできない。生きた卵である受精卵にウイルスを接種すると、ウイルスは卵の中の生きた細胞を利用して増殖してゆく。このような実習を通じて、細菌の性質や、ウイルスが生きた細胞がなければ増えないということを、身にしみて学ぶわけだ。

自然界でも、ウイルスは生きた動物を介してしか移らない。人間がインフルエンザに感染し、免疫力で封じ込められなければ、その人が生きているかぎりウイルスをまき散らすことになる。でも、その人が死んだらウイルスも増殖できずにいなくなってしまう。「ウイルスは生き物ではない」と言われるけれど、生物学的な定義に合わないだけで、生きた細胞に寄生しないと生きていけないんだから、人間が作った定義は別にして僕個人は「生き物」だと思っている。

卵のふしぎ

カエルでも魚でもカメでも人間でも、最初は一つの細胞、受精卵から始まり、それが細胞分裂を始めると胚《はい》と呼ばれる状態になる。どんな脊椎動物の胚も最初は割れ目が入っただの細胞だが、細胞分裂を繰り返していると、だんだんとタツノオトシゴのような形になってくる（図1-2）。分類上はまったく違う生き物でも、最初はみんな同じような形をしている。

また、人間を含む哺乳類は、お母さんの子宮の中で受精卵から子どもを育てるのに対し、カエルはメスの産んだ卵にオスが精子をかけて、そのまま水の中に産みっぱなしにしてしまう。生まれるまでの過程が人間とカエルでは全然違うようだけれども、じつは共通点がある。

魚類の卵はイクラを思い出してもらえばわかるが、外側は薄皮一枚だ。だから必ず水の中に産み落とされる。魚類から進化した両生類の卵は、どの種もゼラチンのようなもので包まれている。通常水の中に産卵するが、種類によっては湿地に産み落とすこともある。いずれ

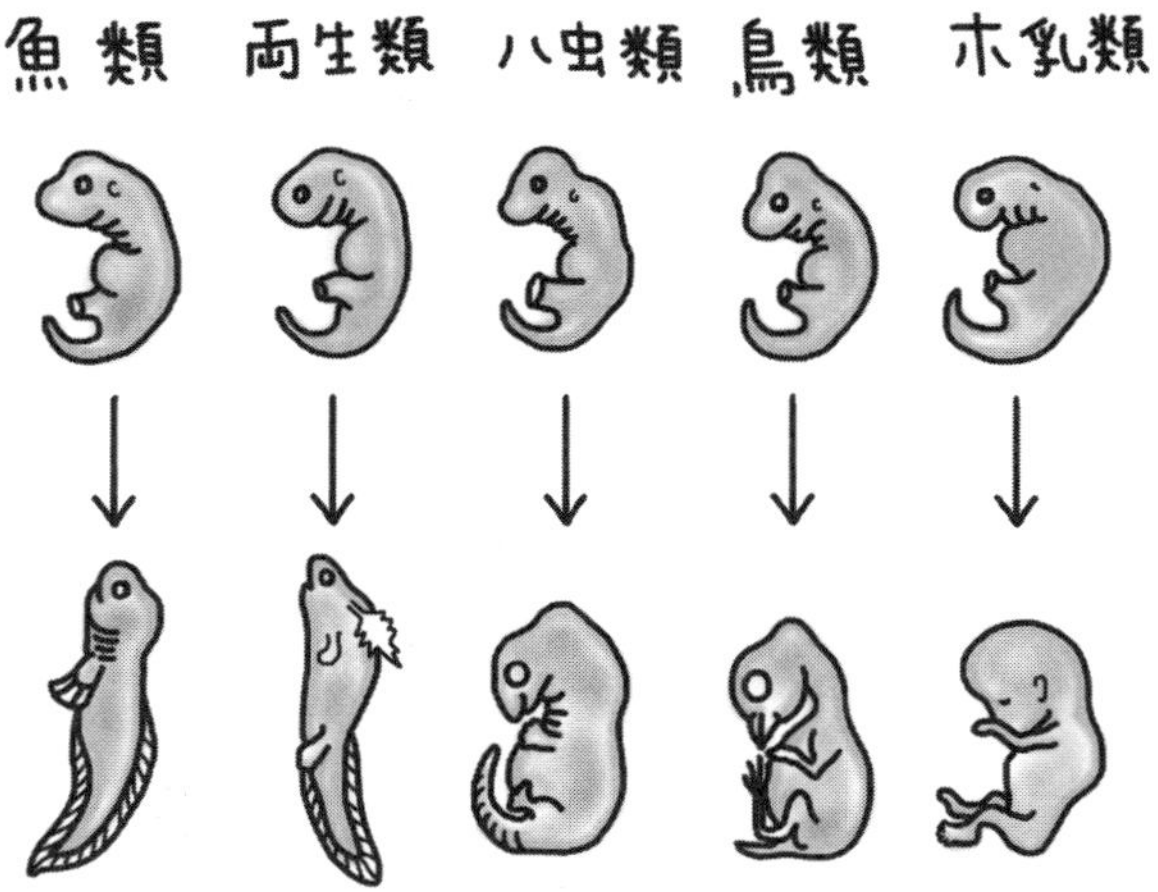

図１－２　脊椎動物の発生における初期の胚の形は、タツノオトシゴのよう

にしても、魚類、両生類の卵は水中か水辺といった水環境から離れることはできない。

生息域を大地に求めた爬虫類《はちゅうるい》は、ときに砂漠のような乾燥地帯にも適応するようになった。しかし、そういった環境では、卵は常に乾燥してしまう危険性がある。外界と隔離するために卵は殻を持ち、その中に水を蓄える機能を持った。その機能は鳥類にも受け継がれた。

哺乳類は、卵を産み落とすことなくより効率的に卵の発生を助けるため、メスの体内に子宮という水の袋を持ち、水環境を用意することで外的環境に左右されることなく受精卵を発生させることに成功した。

すなわち、すべての卵は水環境中にあるということだ。本章の最初に、細胞の成り立ちは太古の海から始まったと書いたが、現在生存する生き物たちはいまだに水の中で発生するということを一切変えず、生命の歴史四〇億年とも言われる年月を受け継いでいるのだ。

また一方で、魚類から始まり、哺乳類までの進化の過程において、より子孫をちゃんと残せるように進化したのもこの卵を守る形態だ。これは、産子数に関係してくる。哺乳類においては、子宮を持つということは、受精卵が母親の体内で子どもの姿にまでなってはじめて外の世界に産み落とされるため、その後の生存率が他の動物たちより格段に高くなる。哺乳類のヒトやチンパンジーは、基本的に一回の出産に対して一匹の子どもしか産まない。反対に大海をゆっくりゆっくり泳ぐ魚のマンボウは、脊椎動物で最大の卵の数、一回に約三億個もの卵を産むと言われている。

ところで、みなさんは、鳥や爬虫類の殻付きの卵がどうやって作られるか知っているだろうか。発情期になると、卵巣の中の卵胞という卵子（いわゆる黄身になる部分）が含まれる部分が大きく発達する。卵巣の下には、卵管采というラッパ状の口が開いている卵管が続いており、卵子がポロっと落ちると卵管采で受け止められ、ここで受精が行われる。そして受精卵が卵管を通り過ぎて行く過程で卵白や卵黄を作るカラザ（生卵を割った時に見える白い紐）、卵殻膜など卵の材料が付与される。最後に卵管から殻の成分であるカルシウムが分泌され、殻のついた卵が出来上がる。卵管の終わりの端は、総排泄腔《そうはいせつくう》というウンチとおしっこが溜まる場所に合流している。鳥の場合、排卵が起きてじつに一日で卵ができあがる。進化の過程に必要性があったとはいえ、生き物の体は、ときにすごいことをやってのけると思う。

さらに卵のふしぎと言えば、カメやトカゲなどの爬虫類は、卵が置かれた温度環境によって生まれてくる性比、つまり性別の比率が変わるという性質を持っている。たとえば温度が低いとオス、高いとメス、さらに高いとまたオスになるなど、また、その逆パターンもいくつかある。ちなみに哺乳類の性決定は、受精した段階の性染色体（遺伝子）によって決まっている。爬虫類のそれは、卵が置かれた温度環境によってその情報まで変わってしまうのだから、いくら環境への適応といっても、本当にふしぎなことに思えてならない。

こんなふうに、自然環境と体のつくりはすべて一体となっている。ここに書いたような細胞や卵の話は、高校までの生物学でもそれぞれ別の話として教わるかもしれない。でもそこで学ぶ一つ一つのことが、じつは網目のようにつながっているのだ。

細胞と組織のはなし

さて、細胞のことに話を戻そう。先ほど、たくさんの細胞が集まって生物を形作ると書いたが、細胞にはいくつかの種類がある。最も一般的なものは真四角なサイコロみたいだが、それればかりではない。たとえば、血管などを形作る平滑筋細胞は、ひらべったい紡錘形《ぼうすいけい》のお餅のような形をしている（図1－3）。

これら細胞を層として積んで組み立てると、いろいろな組織ができる。動物を構成する組織は、基本的に上皮組織、結合組織、筋組織、そして神経組織の大きく四つに分類される。

上皮組織は、体の表面の皮膚や血管、腸、呼吸器や体の内側を裏打ちする一から十数層の細胞でできた組織だ。細胞同士が密着して隙間がほとんどない。

一方、結合組織は、骨、靭帯《じんたい》や腱《けん》などのもととなる組織であるが、細胞だけが集まっているのではなく、構成する細胞が作り出した物質を細胞の周りに蓄積させることで組織を形成している。たとえば、腱はコラーゲン線維の束であり強靭だが、これは腱細胞（線維細胞）がコラーゲン線維を分泌して、それを細胞の周りに集めることで組織を作っている。

筋組織は細長い筋細胞が密接した組織だ。筋細胞は筋線維とも呼ばれ、顕微鏡で見たとき

図１－３　平滑筋の細胞は、ひらべったい紡錘形のお餅のような形をしている

に縞《しま》が見える筋細胞を横紋筋、見えない細胞を平滑筋と呼ぶ。

神経組織は神経細胞が集まったもので、刺激を受けると電気を使って情報を伝達するのに特化している組織だ（図1－4）。

これらの組織が何らかの目的をもって集まり、形作られたものが、脳や肝臓や心臓などの臓器だ。会社にたとえると、細胞が個人で臓器は部署、各部署でそれぞれの仕事の役割を果たし、個体という一つの会社を動かして命を動かしている。

すべての細胞には寿命がある。細胞の命の長さは細胞や動物によって異なっており、たとえば血液細胞の一種である赤血球は、毎日骨髄で作り出され、全身への酸素運搬の役割を果たし、その寿命は人間では約一二〇日、爬虫類だと約六〇〇〜八〇〇日で役目を終え死んでいく。皮膚の上皮細胞は皮膚の深い部分から作り出され、少しずつ表面に向かって上がっていき、最終的に核がなくなり死んでしまう。人間ではそのサイクルは約二八日くらいと言われているが、死んだ細胞はいわゆる垢《あか》となってはがれ落ちる。爬虫類、両生類ではこの過程を脱皮として行う。脱皮は、死んだ皮膚の細胞の塊なのだ。余談だが、カエルやヤモリにはこの脱皮した皮を食べてしまう種類がいる。

ただ、細胞の塊である組織は、壊れたら再生される組織と壊れっぱなしの組織がある。肝

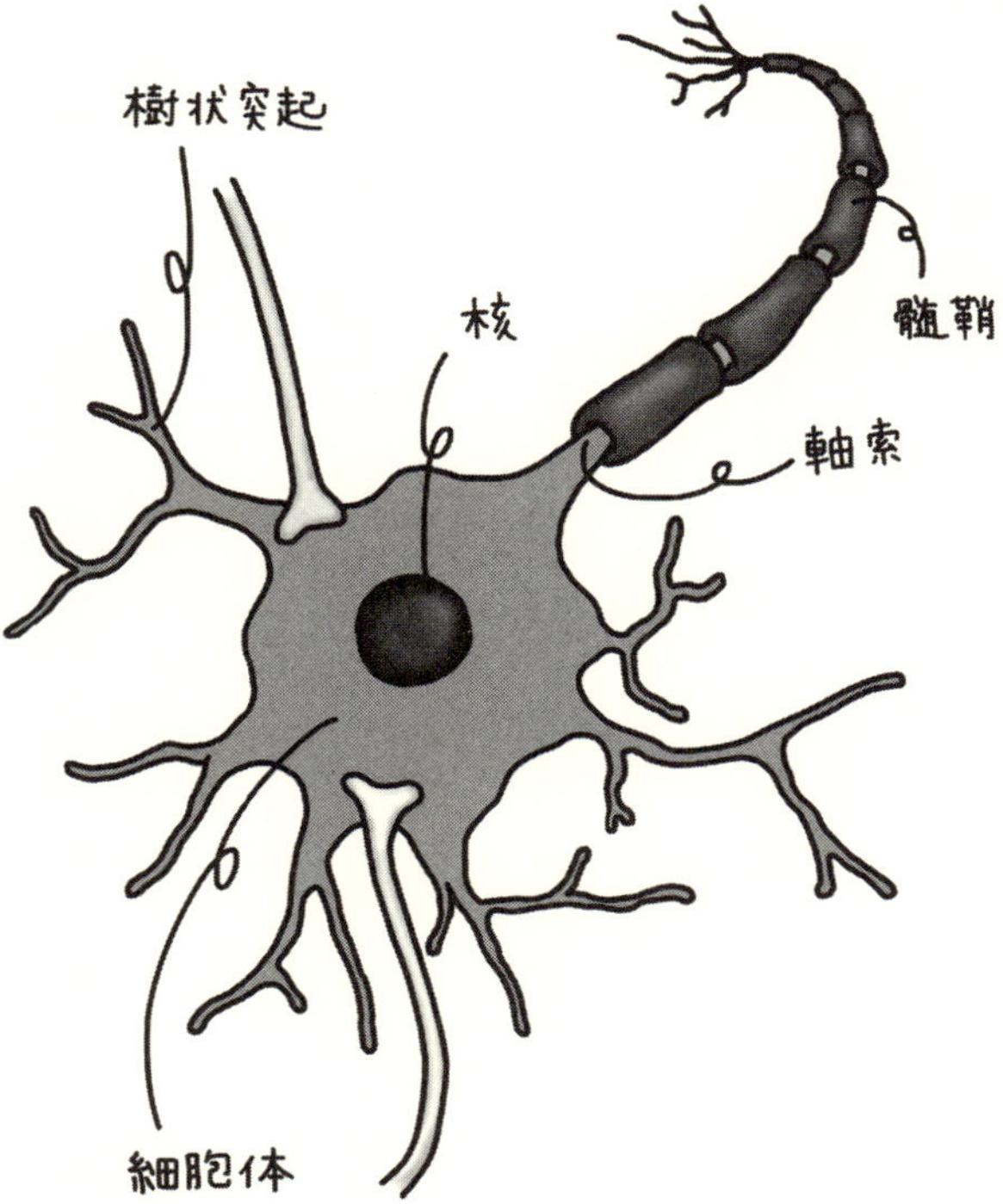

図１－４　神経細胞の構造

臓、皮膚、腸などの組織は、壊れても自分で同じ細胞を補充して修復される。肝臓の肝細胞の中にはいくつかの酵素が入っており、暴飲暴食などで肝細胞が壊れてその酵素が血中に出てくると、血液検査で「肝酵素が高い」という判断がなされる。しかし、再生能力の高い肝細胞は、正しい生活をして不摂生をしなければ、とくに薬を飲まなくてもだいたいもとの数値に戻ることが多い。ただ、肝硬変になってしまって、肝細胞が全部死んでしまうと再生もできなくなるので、その動物は死んでしまう。これは人でも動物でも同じだ。

一方、心臓の組織はいったん壊れてしまうと再生されないので、薬などでも治すことができず、根本治療する場合は移植手術をしないといけない。腎臓も同じで、一度腎不全になってしまうと完治させることができない。腎臓は血液をろ過する大事な役割を担っているので、生きていくためには腎臓の代わりに機械を使って人工透析を行い、血液中の毒素を排泄《はいせつ》させなければいけなくなる。

動物でも、交通事故で神経が切れてしまって麻痺《まひ》を引き起こし歩けなくなることがある。脳や脊椎など中枢神経と呼ばれる神経組織は再生できないので、いったん麻痺が起きてしまうと、リハビリをよほど一生懸命やらないと回復は難しい。このように、細胞や組織の性質を知っておくということは、病気を治療する知識にもつながってゆく。

これら細胞や組織は、受精卵というたった一つの細胞が「オレは心臓になろう」「私は肝臓になろう」と思っているかどうかはわからないが、いずれにしても、どの細胞が何の組織をつくるかというのはもとから決まっている。それは繰り返しになるが、DNAの設計図が頼りだ。しかし、いったん細胞が分化して役割を果たす成熟した細胞になってしまうと、分化前の未熟な細胞に戻ることはない、と言われている。

ところが、この生物界の常識を軽く覆す生き物がいる。イモリだ。イモリの足を切ると、切ったところから組織が伸びてきて足や指が作られ、もとの足が再生される。切った端の組織はすでに足だと決まっていたのに、再度指ができる（図1-5）。これは本来、非常にふしぎなことなのだ。この「ふしぎ」を応用したのが、再生医療に関する研究分野である。

近年、万能細胞と言われるES細胞やiPS細胞などがよく話題にのぼる。それらはまだ何の組織になるか決まっていない「はじめの細胞」だ。いうなれば受精卵のようなもの。これを人工的に作り出すことができれば、どんな臓器でも作ることができるというところに大きな期待と夢がある。

一方で、これらに関するマスコミの報道を見ていると、この細胞さえできれば、人工的に心臓や肝臓をいとも簡単に作って移植すればOKのような印象をうける。しかし、それはま

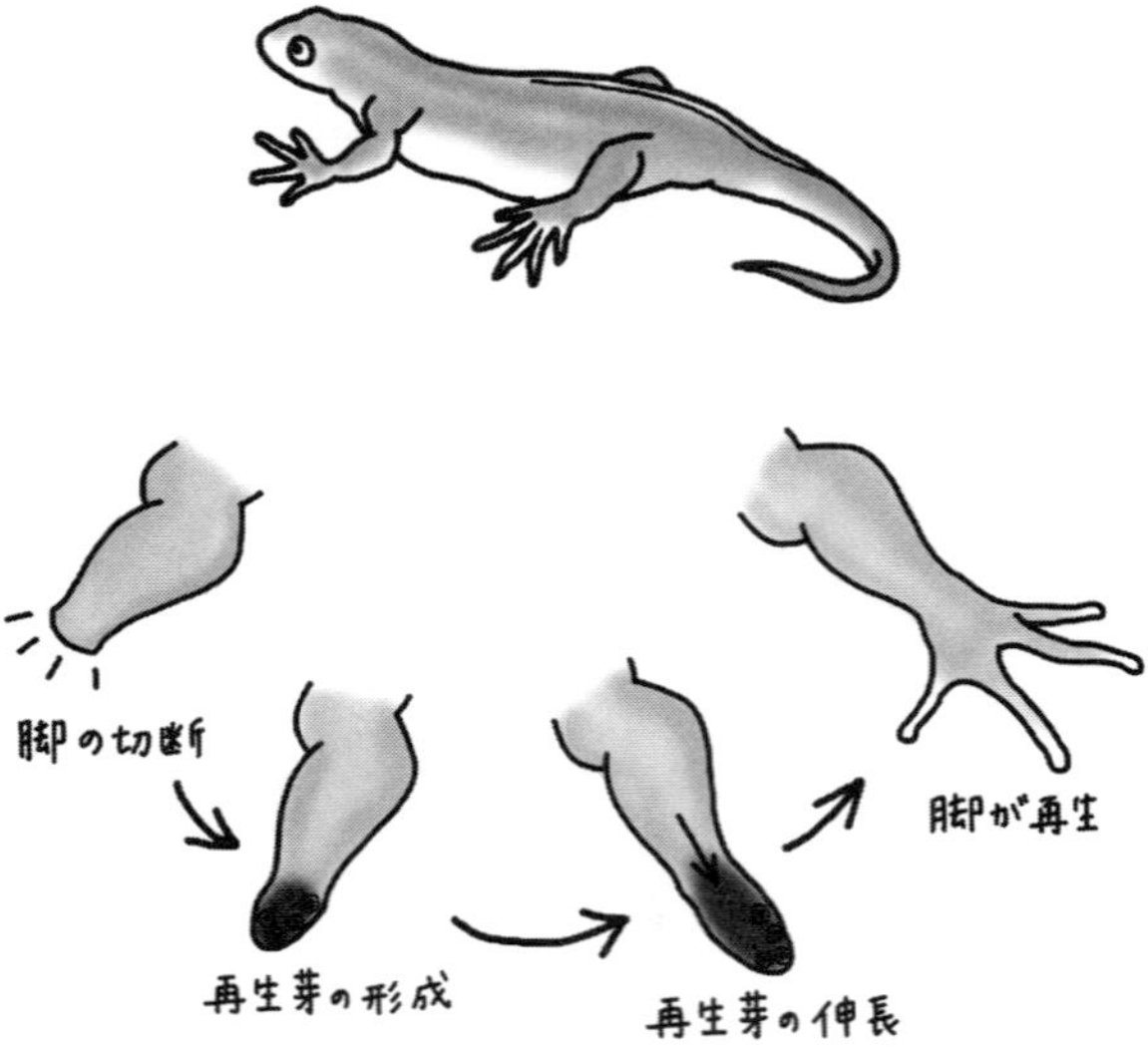

図１－５　イモリの足は再生する

だ遠い将来なのかもしれない。現在のところ、目の表面の角膜や心筋、皮膚組織などで、限定的にダメになった部位に自己の細胞を使って再生した組織を移植して治療するということが少しできるようになってきた。

しかし、万能細胞から組織、組織から臓器、臓器を連動させて命を動かすような、すなわち心臓一個、腎臓一個、肺一個を人工的に再生し、移植するような大掛かりな再生医療までは遠い道のりではないかと感じている。逆に遠い道のりだからこそ、大きな夢であり人類の英知を結集させるべき分野だと思う。

体の中身を知る

解剖学の原則は、身体の中にある骨や臓器に名前を与え、分類し、その機能について考察することだ。言うなれば、機械でいう歯車や滑車の名前と、その動きや働きを学ぶ学問だ。

この本を読んでいるみなさんは、普段、どれくらい自分の体のことを知っているだろうか。「自分のことだから、よく知っているよ」という人もいるかもしれないし、「そう言われるとよくわからないなあ」という人もいるかもしれない。

多くの人は、心臓や肝臓のことはなんとなくわかっていても、「胆嚢《たんのう》の中の胆汁が濁って胆泥があります」などと言われると、ピンとこないのではないだろうか。さらに脾臓《ひぞう》や副腎の働きは？ と聞かれると「全然わからない……」という人がほとんどではないかと思う。けれど、生き物の命と向き合うために、体の中身を知ることはとても大事なことだ。

獣医学部に入ると、大学一年の一学期からまず、解剖学で体の中身を学ぶ。解剖学の教科書は、箱入りのハードカバーで電話帳ぐらいの厚さがある。重さは二キログラムほどあって、値段は二万円くらいした。ページをめくると、いろいろな動物の内臓や骨格のイラストとともに、小さな字でびっしりと解説が書いてある。

まず内臓だが、じつは内臓という言葉は専門用語ではない。体の内部にある一部のものを指すきわめて狭い言葉で、診療などで医師や獣医師が内臓という言葉を使うことはほとんどない。

代わりに、「臓器」という言葉を使う。そして、数ある臓器を同じような機能を持ったり共通の働きを担ったりする「器官」に分けていく。解剖学の大きな役割は、身体の中にある、臓器や骨に名前を与え分類していくことだ。では、代表的な臓器を器官に分けてみよう。

〈器官〉　〈臓器〉
骨格筋、外皮系…骨や筋肉、皮膚
循環器系…………心臓、血管系、リンパ系
呼吸器系…………気管、気管支、肺
消化器系…………食道、胃、小腸、大腸、肝臓、膵臓、胆嚢
泌尿器系…………腎臓、膀胱
生殖器系…………卵巣、子宮、精巣
内分泌系…………副腎、膵臓、卵巣

神経感覚器系……目、鼻、耳、神経、脳

こうして見てみると、病院の診療科目の分け方に似ていることに気づくのではないだろうか。獣医の世界ではまだまだだけれど、人間の病院の医師は専門があるのが普通だ。同じような機能を持つ器官であれば、系統だった検査や診断を行うことができるから、その分野により特化することができるわけである。

はじまりは骨

解剖学で初めに教わることは、骨を覚えることだった。動物の体の中にある骨の名前を勉強していく。「なんだ、それだけか」と思うかもしれないが、実際はそんなに簡単ではない。たとえば、太ももに大きな骨がある。これは解剖学的に「大腿骨《だいたいこつ》」と呼ぶ。授業では骨の名前を覚えるだけではない。実際に骨の標本を使って忠実にスケッチし、さらにスケッチした骨に名称を書き込んでいく。大腿骨は単なる一本の棒のように見えるけれど、各所に名称がついていて、その数は一〇以上にものぼる（図1-6）。

こんなふうに全身の骨を細かく見ていくと、それぞれの骨にはくぼみや出っ張り、溝などいろいろな形状があることがわかる。それらすべてに名前がついていて、いずれもちゃんと体を動かせるように、意味のある形をしている。動物の体は本当によくできているのだ。

骨に限らず、筋肉や臓器など、体の中身の名前をすべて覚えるのは大変だ。けれど解剖学の用語を知らないと、その後次々と勉強しなければならない学科を理解することもできないし、もちろん、最終的に治療も行えない。

たとえば、骨の一部に入ったヒビを、「右の大腿骨の上の方にヒビがある」と言っても、何をもって上の方かわからないだろう。これを「右の大腿骨頚《だいたいこっけい》にヒビがある」と言うことで、他の獣医さんとの会話も成り立つ。日本人が日本語を学ぶように、獣医師も獣医学の言葉を勉強するのだ。

言葉を覚えた後、実際に解剖実習が始まるのは大学二年になってからだ。僕らの時代は、各班に安楽死された犬が一匹ずつ与えられた。犬は腐らないようにホルマリンで固定されていて、これを一週間くらいかけて、今日は頭、明日は腕という具合に、順番に全部解剖してゆく。

解剖学の授業は放課後に行われ、肢《あし》なら肢で皮をきれいにはがして、筋肉一つ一つ、腱の一本一本がどこにどんなふうにつながっているかを確認する。その名前も一つ一つ確認して

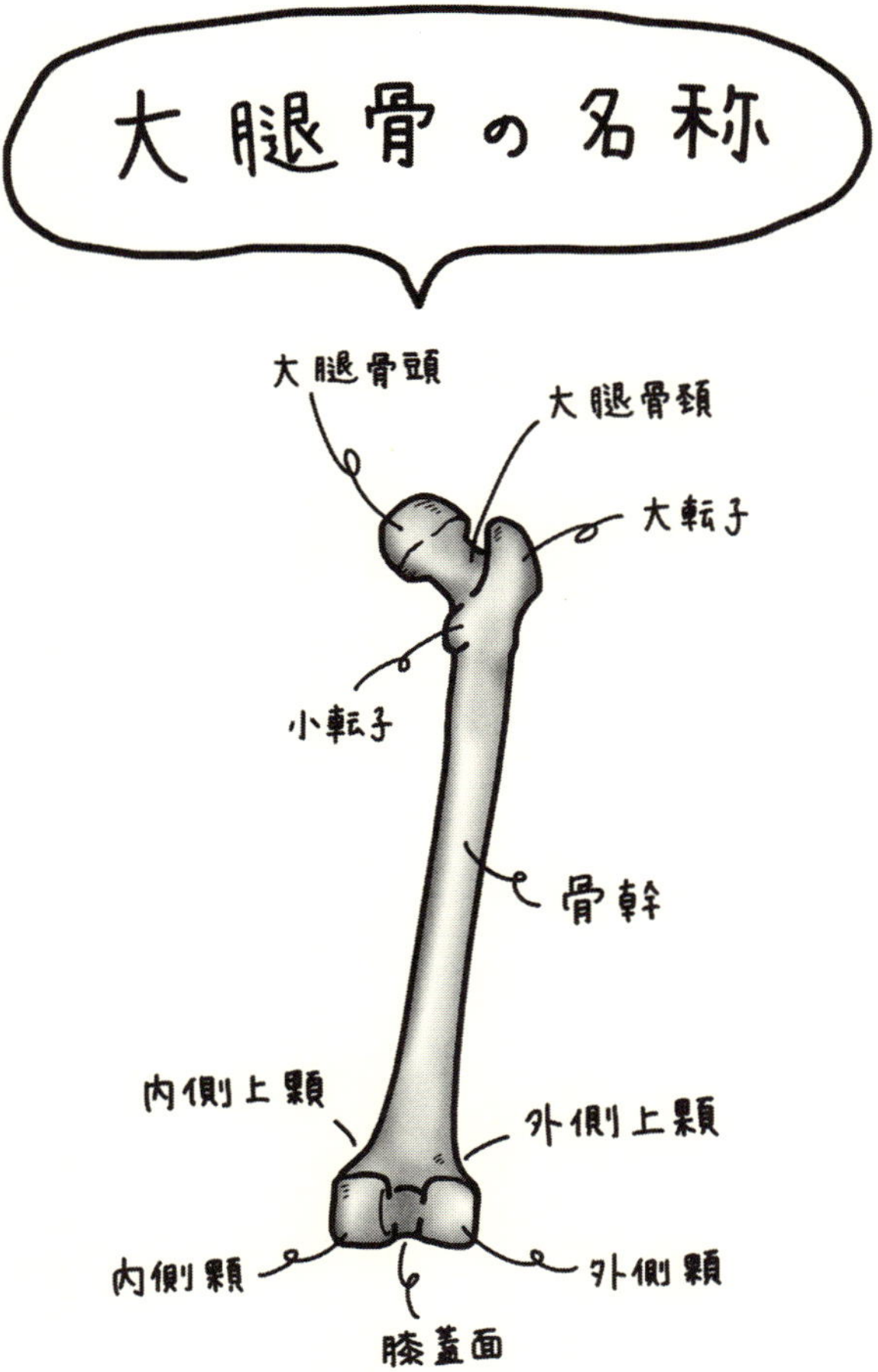

図１-６　骨一つとっても様々な名称がある

ゆくため、肢を一本解剖するのに半日かかってしまう。

臓器一つでも何時間もかけて、細かく観察していくのである。犬一匹の解剖から得られる情報は膨大であり、一つの命を無駄にしないよう学生たちも一生懸命だ。

動物の体の中身を比べる

動物の種類を越えて、体の中身を比べる比較解剖学というものがある。分類上異なる動物の体の構造の違いを比較することで、それぞれの動物の解剖学的な知識を学ぶ学問だ。

僕は、この比較解剖学が獣医学の中で最もダイナミックな分野だと思っている。なぜなら、医学部ではヒトという一種類だけの動物を相手にしているのに対して、比較解剖学ではウシ、ウマ、ブタ、イヌ、ネコ、その他の動物と、じつにさまざまな動物について学べるからだ。

たとえば、イヌとネコのお腹を開いて内臓を見るとする。もし同じくらいの大きさだとして、どちらがどの動物か知らないで開いたお腹の中身だけを見ると、ついている臓器や配置はほぼ一緒なのでほとんど区別がつかないと思う。

でも、イヌやネコとウサギは全然違うので、すぐにわかる。イヌやネコは、おへその下の方を開けると最初に小腸が見える。さらにお腹の上の方には胃があってその上に肝臓がある。

一方、ウサギのお腹を同じようにおへその下あたりで切ると、最初にドロドロしたものが入った薄い膜に包まれた大きな塊が見える。というか、それしか見えない。これは盲腸だ。ウサギは盲腸がとても大きく、お腹を開けると見えるのがほとんど盲腸なので、手術がやりにくい。

ウサギの盲腸がなぜそんなに巨大なのかというと、彼らにとって盲腸がとても重要だからだ。ウサギは枯れ草や牧草などを食べている。人間は枯れ草を食べても栄養にすることができない。それは、食物繊維を消化吸収することができないからだ。しかし、ウサギはそれを盲腸にとりこんで栄養に変えることが可能だ。なぜなら、盲腸の中にたくさんの微生物を飼っていて、その微生物が食物繊維を発酵させ、ウサギが利用できる栄養素に作り替えているからだ。

この仕組みは、ウマやウシも同じだ。ウシには胃が四つある。このうち一番目の胃ではやはりたくさんの微生物を飼っていて、食物繊維を栄養に変換している。二番目の胃は一番目の胃の発酵を補助する役割がある。またウシは反芻《はんすう》動物と言って、いったん胃に入った食べ物を口の中に逆流させ、もう一度唾液とよく攪拌《かくはん》しながら咀嚼《そしやく》することで消化を助けている。その際に、胃から口まで逆流させるポンプの役割を果たしているのが二番目の胃だ。三番目

牛の胃は
4つもある
それぞれ
役目が違う。
1
2
3
4

の胃は、水を吸収する役割がある。

いずれにしても、植物しか食べない動物はお腹が大きく膨らんでいる。ウシもウマもみんな太鼓腹だし、オランウータンやテングザルなど草食傾向の強いサルもお腹が張っている。微生物の力をかりないと植物を消化できないため、草食動物は必然的に微生物を飼うための胃腸が大きくなるのだ。だから、たとえば動物園でシマウマの太鼓腹を見ると、僕は盲腸が発達しているんだと透視することができる。

逆に肉は酵素を使って消化しやすい物質なので、大きな胃腸が必要ない。したがってイヌやチーターなどの肉食動物は腸が短く、腹がシュッとしまっている。

生き物によって同じ臓器、違う臓器――進化のはなし

ただ、これはおしなべて哺乳類の話だ。爬虫類ではまったく違う。草食のカメやトカゲなどを解剖して消化管を見ると、すごく細くて短い。全体的にとても粗末な印象だ。大学でウシやウマを解剖し、草食動物は大きな発酵タンクを持っているという知識を持って草食性であるリクガメのお腹の中を見ると、「え、草食動物なのにこれだけ⁉」と驚く。一見すると、とても生きられるような消化管をしていない。でもカメは、あの骨の塊のようなカチカチの甲羅をちゃんと作って、しっかりと生きている。

爬虫類や両生類の消化管は大体が「よくこんなんで栄養素を取れるな」というくらい粗末な印象を受ける。それらはたいてい、一種類の生息域がとても狭く、その限られた環境の中で生きることができるよう進化してきた結果である。言い換えれば、地球上のニッチな環境内で細々と生きている。だから、消化管のつくりもそれに合っただけの粗末と思えるようなつくりでいいのかもしれない。

さらに消化器系でいうと、胃は生き物が生きていくうえで必須の臓器だと思うかもしれな

いけれど、胃の無い動物がいる。
それは、魚類のコイだ。魚類には胃がない種がいて、それらを総称して「無胃魚」と呼ぶ。胃がないので食道部から消化酵素を分泌し、腸でタンパク質をアミノ酸に、炭水化物はブドウ糖に分解して消化吸収する。そのため、胃を持つ魚より長い腸を持っている。

胃が無いために餌をため込むことができないので、コイは四六時中、水底に頭を向けて、パクパクと餌を吸い込んでいるのだ。

限られた環境でしか生きられない生き物の体は、じつに巧妙に、生息地の環境に合うようなつくりになっている。たとえば雨の降らないところにすんでいるカエルがいるのだが、膀《ぼう》胱《こう》やリンパ腺に水を貯めこむ機能をもちあわせていて、乾期の間は水がなくてもずっと生きていられる。

トカゲでは、膀胱を持つものと持たないものがいる。生息環境の水分の豊富さに関係していると考えればわかりやすいのだが、砂漠に暮らすトカゲの中で、膀胱がないものがいたりする。鳥は膀胱がなく、他の動物では一対ある卵巣や卵管は、右側が退化して左側にしかない。なぜ左が残ったのかはナゾだが、いずれにしても飛ぶために体を軽くするなかで余分なものを減らした結果なのだろう。

こういう動物を見るたびに、生き物の体は本当にふしぎだと思う。とくに、僕らのようにいろいろな臓器の必要性を知っている者からすると、臓器が一つないというのは、「えっ！なにそれ⁉」というくらい、ずいぶん不自然に感じる。

ヘビは知っての通り、足がない。また、あの長細い体をしているため、脊椎動物では普通二つある肺のうち左肺がない。ただ、かつてはあったであろう痕跡は残っている。人間でいう尾骶骨《びていこつ》のようなものだ。よく本来あるべき器官がなくなっていく現象を「退化」と表現するけれど、実際には、その生き物にとってより有利に働くためになくなっていくので一種の「進化」と考えられる。

この地球上で、人間ほど世界中にはびこっている動物はいない。進化とはそもそも、よりその環境に順応するための身体の変化だ。となると、人間は人間というただ一種の生物であるのに、南極から北極、砂漠から熱帯雨林まで、ありとあらゆる環境で生きられるように究極の進化を遂げたのかもしれないと思うことがときどきある。

人間が色々なものを食べることが可能な、解剖学的に雑食性の内臓機能を持つだけではなく（もし人間が草食や肉食だったら、こんなに繁栄していなかったと思う）、脳や手足も進化して考えたりモノを作ったり、さらに互いに助け合う社会性を持つようになったために、これほどまで地球上で繁栄することができるようになったのだろう。

脊椎動物に腎臓が二つある利点

さて、話を戻すと、動物によって臓器の一部があったりなかったりする一方で、腎臓は脊椎動物にとって生きていく上で非常に重要な臓器なので、哺乳類でも鳥類でも爬虫類でも、通常二つ持っている。腎臓がどうして重要か、まず体の大きなシステムから説明しよう。

僕らは生きていくために栄養が必要だ。大切な栄養は三大栄養素と言われ、糖質、脂質、タンパク質からなる。体をつくる材料はタンパク質であるが、このタンパク質は消化の過程で、いくつかの酵素によりアミノ酸に分解される。そしてこのアミノ酸は細胞内で、DNAの情報に沿って新しいタンパク質が作られる際の材料となる。この一連の過程の中で、タンパク質からは窒素(N)が生成される。窒素は増えすぎてしまうと体に害を及ぼすため、腎臓は余分な窒素を尿とともに体外に排出させているのだ。

窒素の排泄形態は生き物によって異なる。人間は尿素、鳥や爬虫類は尿酸、魚はアンモニアだ。化学式にするといずれもNがつく。

排泄形態の違いは、その生物が置かれている環境に水がどれくらいあるかによる。体内でつくられる窒素化合物の中でアンモニアは一番毒性が強いが、魚は水の中で暮らしていていつでも水があるので、アンモニアを多量の尿と一緒にどんどん排出しても問題ない。しかし、水が少ないところで生息する鳥類や爬虫類は、尿としてたくさんの水を体から失うのは大問題なので、水分を最小限にした半固形のドロッとした尿酸にして出すのである。よく鳥やヘビが糞《ふん》と一緒に白い塊を出すが、あれが尿酸であり、尿にあたる。そして、僕ら哺乳類のように水がそれなりにある環境で生きている生き物は、魚のアンモニアと鳥の尿酸の中間の化合物である尿素を排泄する。

いずれにしても、体のつくり上、腎臓はとても重要な機能を果たしていると言える。このため、とても「粘り強い」臓器でもある。哺乳類において、腎臓が悪くなると血液検査上では尿素窒素の値が上がる。この状態を尿毒症という。それは本来、血液中から窒素化合物をこしとって尿として排泄させる腎臓の機能が弱ってしまったために、窒素化合物が血液中に溜まってしまうためだ。

しかし、血液中の尿素窒素の上昇は、腎臓機能が七割くらい壊れないと現れないといわれている。逆に言えば、腎臓は七割壊れても血液中に窒素が上がらないような能力を持っている。だから残った腎臓機能が三割でも、人間であれば透析をしたり、動物であれば点滴をしたりして、きちんとした管理をすることでそれなりに生きられるようになっている。また、万一腎移植や事故などで腎臓を一つ摘出することになってしまっても、腎臓は二つあるので生きていくことができるのである。

★コラム　キリンと人間の頸椎は同じ数

こんなふうに、動物によって体の機能が同じであったり違ったりするのは奥が深くて面白いのだが、その分覚えることも多くて大変だ。先ほどウサギの盲腸が大きいと書いた。臓器は大きさだけでなく、形もみんな同じではない。たとえば肝臓は大きな一つの塊ではなく切れ込みが入っていて、まるで葉っぱのような形をしたものがいくつか集まってできている。その一つ一つを「葉《よう》」と言い、この葉の数は動物の種類によって違う。これは、ウシの肝臓は何葉、イヌは何葉と獣医師免許を得るための国家試験にも出るので、覚えるための歌があったりする。

この葉は、肺にもある。なぜこういう切れ込みがあるのか、ふしぎと言えばふしぎだ。肝臓も肺も立体的な臓器で、決められた空間にうまいこと収納されているのを見ると、じつはおさまりがよいように切れ込みが入っているのではないか、なんて想像してしまう。

ちなみに、手術で腸などをベローンと体外に出した後、お腹を閉めるときに、きちんと正しい位置に戻さないといけないと思うかもしれないが、実際は、それなりに入れておくとちゃんともとの位置に戻る。僕も学生の頃、外科手術を見学したときは「え～～っ！」と思った。きちんと整頓しないといけないと思っていたのに、とりあえず入れてお腹を閉じれば、あとは内臓たちが勝手に動いて、もとの位置に戻ってゆくのである。

さて、数の話に戻ると、歯の数も動物によって全然違うので、それも勉強しなければいけない。人間のお医者さんは人間だけでよいけれど、僕らはいろいろな動物の歯の数を全部覚える必要がある。切歯《せっし》がいくつ、小臼歯《きゅうし》がいくつ、大臼歯がいくつなどと決められた歯式といったものを動物ごとに全部覚えないといけない。

それを全部覚えたところで、普通の生活で何の役に立つかと言えば、それほど具体的には役に立たないだろう。けれど、獣医さんは動物の歯の治療もするので、獣医同士が会話するときに「奥歯のあのへん」ではだめなのだ。

ちなみに、人間の脊椎は頸椎《けいつい》が七個、胸椎が一二個、腰椎が五個だ。じつは胸椎・腰椎の数は動物により様々だが、頸椎の数はライオンもカバもイノシシもイルカも同じだ。

しかし、例外があって、マナティーは六個、ナマケモノは六〜九個であるが、ほぼ哺乳類は、七個と言って差し支えない。あんなに首が長いキリンもやはり七個だ。

診療のなかでイヌやネコのレントゲンを撮ると、ときどき椎骨の数が少ないヤツがいるが、それは先天的に少なく生まれてきてしまったものであり、そういうことを知っておかないと、混乱してしまうことになる。だから解剖学というのはとても重要な学問なのだ。

生き物を分ける

大学二年生になると、動物分類学という授業があった。これは地球上に生息するありとあらゆる動物を分類し、名前をつけてゆく学問だ。

もともと僕は生き物が好きで、たくさんの生き物の名前を憶えていた。小学校の頃は、動物図鑑と昆虫図鑑を毎日読んで、生き物の絵や写真と名前を覚えたら鉛筆で×をつけていった。そしてほとんどの動物に×をつけることを達成し、小学校三年生の頃には「動物博士」「昆虫博士」のあだ名をもらった。いまではずいぶん忘れてしまったが、それでも一般の人よりもずっと動物のことに詳しいのは、この頃の遺産だ。

だから、動物分類学の授業はとても楽しかった。この授業では、動物に名前をつける方法を学んだ。少し専門的な話になるが、生き物を分けるというのはとても大事なことなので、どんなふうに分けているか簡単に説明しよう。

現在の分類法の始まりは、一七〇〇年代にさかのぼる。生物学者リンネは、動物を分類・命名するのに二命名法という方法を考案し、ラテン語を使った「学名」で種を分類することにした（52ページ参照）。

この方法でつけられた動物の学名は、属＋種小名で表記される。言うなれば、僕たちの名前を姓と名の二つで表現するようなものだ。動物界の姓は属、名は種小名に相当する。たとえば田向健一であれば、田向が属名で、健一が種小名となる。ただ決定的に違うことは、人間であれば同姓同名はあるが、動物分類の世界では同姓同名が一つもないということだ。当然と言えば当然だが、世界中で判明した生物は約一二五万種ほどもあるから、人間の分類に対する追求心には脱帽する。

また、この二命名法でつけられた学名は世界共通言語である。日本語で「フタコブラクダ」といえば日本人しか通じない。英語では「Bactrian camel」、中国語では「双峰駱駝」という。これでは他の国の人々に伝えることができないので、生命科学の世界ではリンネの

生物の分類

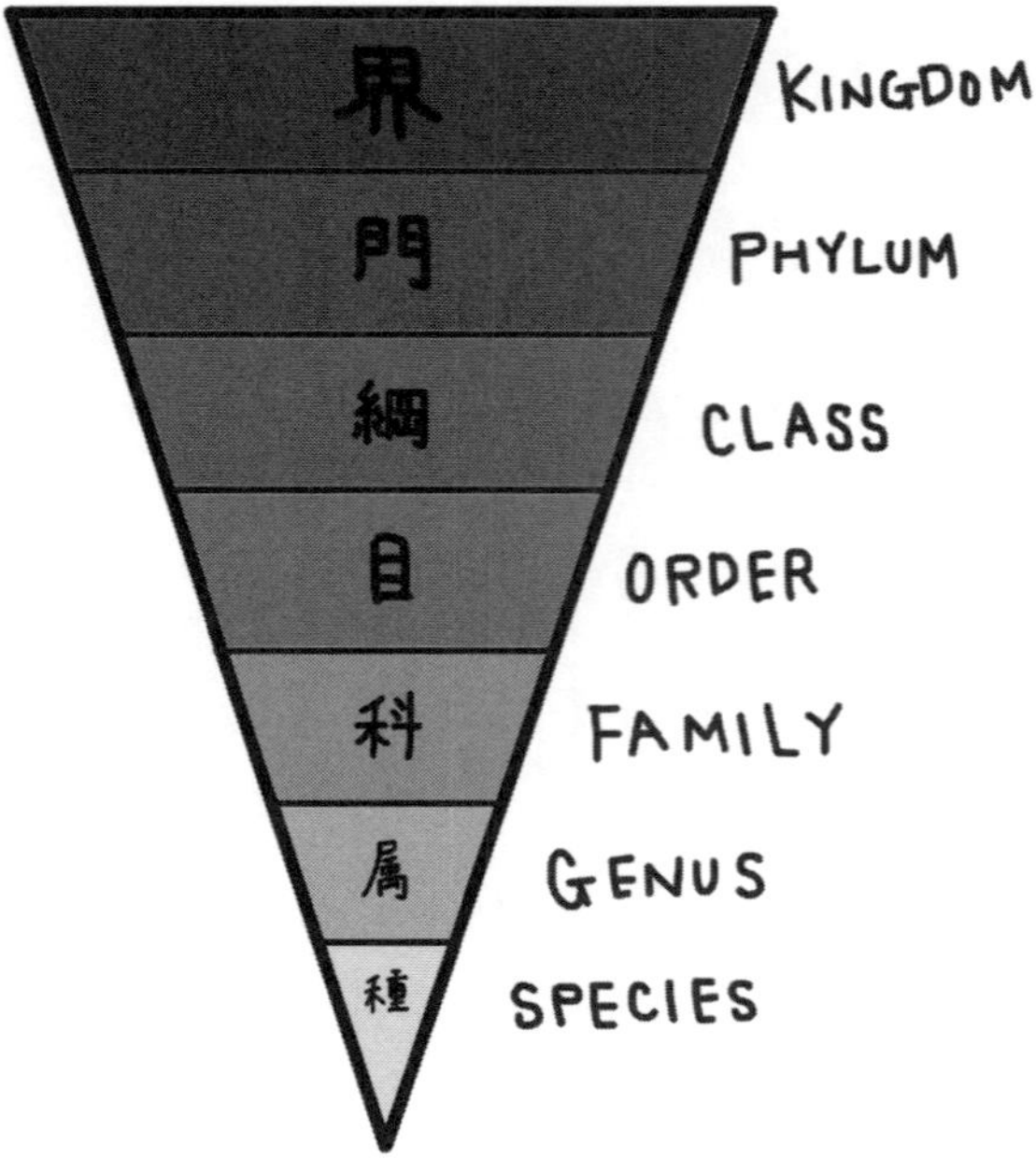

界 KINGDOM
門 PHYLUM
綱 CLASS
目 ORDER
科 FAMILY
属 GENUS
種 SPECIES

方法にしたがって「*Camelus ferus*」と書く。そうすると、どんな言語圏でも、専門家同士の間で同じ種類の生き物を指すことができる。科学的に物事を推し進めるにあたっては、同じ言葉で表現することが大事なのである。ちなみに学名は斜体、いわゆるイタリック体で書くことがルールとなっている。

分類の違いは解剖学的な違いに通じる

ところで、分類学では何をもって生き物を分類しているのだろうか。分類の基準は基本的に形態に着眼する。形態というのは簡単に言えば、外から見た外見的な要素を指す。また、近年では遺伝子の類似性によって分類している。古典的に脊椎動物の場合、進化の過程と深く関係する歯並びや骨格の作りなどを頼りに分類してきた。

たとえばイヌとネコはともに同じネコ目《もく》（食肉目）に属し、その中でイヌ科とネコ科にわかれている。目《もく》が同じということは同じグループだということがわかるので、見た目は違っても、生物学的にほとんど大きな違いはないとわかる。ただ細かく言うと、栄養要求で言えば、ネコは生きていくためにイヌより多くのタンパク質が必要で、イヌはより雑食傾向が強いというような程度の違いはある。

では、ウサギは何の目に属するか知っているだろうか。前歯が伸びるからネズミなどと一緒のネズミ目（げっし目）だろうか。ネズミ目にはネズミやリス、ヤマアラシなどが含まれる。ところがウサギには、ウサギ目という独自の目がある。目でわかれるということは、リスとウサギの違いは、ネコとウシくらい違うということになる。

以前はウサギもネズミ目に入っていたが、ネズミ目の前歯が上下二本ずつなのに対し、ウサギは上の前歯の裏側に小さな歯が二本生えていることから、ネズミ目とは別のウサギ目に分類されるようになった。ウサギ目は、歯が重なるという意味で、重歯目とも呼ばれる。

また、ウシとウマは同じように草を食べて生きている家畜で、一見すると似たもの同士に思える。しかし分類的にはこれも目レベルで異なり、ウシはウシ目（偶蹄目《ぐうていもく》）、ウマはウマ目（奇蹄目）だ。いずれも進化の過程で、必要に応じて足の指が変化したのだろう。偶蹄目は中指と人差し指の二本、奇蹄目は中指一本で立っているのと同じである。あの体重を二本指や一本指で支えているなんて、何てすごいんだといつも感心してしまう。

違いは指の数だけではない。じつは、目が異なると、内臓の構造も違ってくることが多い。実際に、ウシ目のウシやヒツジは複数の胃を持つが、ウマ目のウマは複数の胃を持たない。代わりにウサギと同じように大きな盲腸を持つ。

つまり、分類が近いということは、内臓の構造が似ているということでもあり、目の特徴を知っておけば、初めて診る動物でもある程度想像がつく。逆に、いろいろな動物を診るためには、その動物の分類学的位置づけを知っておく必要があるとも言える。

たとえば僕はヤマアラシを診たことはないけれど、病院にはチンチラがよく来る。チンチラはネズミ目ヤマアラシ亜目なので、きっとヤマアラシはチンチラに近いだろうなと想像がつく。あるいは、動物病院に来る可能性は極めて低いが、カンガルー、コアラなど有袋目《ゆうたいもく》の動物は生殖器の構造が特殊であるが、最近ではよくペットとして飼われている同じ有袋目のフクロモモンガをよく診るので、きっとカンガルー、コアラも解剖学的に似ているだろうと考えることができる。

これがまったく分類のわからない動物だと、話は違ってくる。以前、アリクイが「食欲が落ちた」と来院したことがあった。恥ずかしながら、僕はそのときアリクイが何目に属するか知らなかったし、見当もつかなかった。なので、目を調べるところから始めないといけない。調べてみると、有毛目《ゆうもうもく》とあった。「有毛目って何?!」というくらい初めて聞く目で、もちろん過去に有毛目の動物は見たことがなかった。レントゲン検査を行ったところ、なんと頸椎が八個あったのだ！（通常、哺乳類のほとんどは頸椎が七個）異常だと思ったが、すぐに調べたらそれは正常だと判明した。

そんなこんなで腰が引けたが、大分類で言えば、哺乳類であることには変わりない。このときは血液検査をすると、軽度の脱水症状が見られた。点滴を打って様子を見たところ、幸い元気になって退院した。それにしても、特殊なペットを飼うときは、その動物が分類学的にどの位置に属するか知っておいて損はないだろうと思う。

生き物の心

ときどき、動物にはどこまで心があるのかと聞かれることがある。まず、何をもって心と定義するかは難しい。一般に心＝脳のイメージがあるかもしれない。けれど『ダンゴムシに心はあるのか　新しい心の科学』（森山徹《とおる》著、ＰＨＰ研究所）という本の中に、「心が『脳の特定部位』ならば、それが機能しなくなった人に対して、心を見いだせないことになってしまいます」と書いてあった。確かにその通りで、僕らは何らかの原因で脳の特定部位の機能を失った人を見て、心を失ったとは思わないだろう。

そこでこの著者は、大脳のないダンゴムシに、迷路実験や行き止まり実験などを試みた。するとダンゴムシは先に行きたいのに行かないといった予想外の行動をとったり、障害物を回避する知能もあることが示された。このことから著者は、心というのは自立的に予想外の行動を選択するもので、思っていることとは裏腹の行動、すなわち葛藤行動を心による作用の一つとして、「ダンゴムシにも心はある」と述べている。

少し難しい話になったが、普段、僕が病院で「動物にも心があるんだなあ」と感じるのは、飼い主さんが連れてきたペットが、僕を見て逃げようとするときだ。つまり、僕は彼らに「この人、嫌だな」と思われているわけである。そういうのが「心」だとしたら、動物にもしっかりとした心はあると言えるだろう。

診療をしていて面白いと感じるときがある。イヌやネコの外耳炎の治療で耳掃除をする際、最初はすごく嫌がるのだけれど、耳掃除を始めるとじっと我慢してその時間を耐えているように見える。そして、僕が、「はい、おしまい」と言うとスイッチが入ったように帰ろうとする動きをするのだ。たぶん彼らは耳を掃除しているときは「いまは我慢しないといけないとき」と考えているのだと思う。

また、三匹イヌを飼っている人がいる。このうち一匹を診察台に乗せると、残りの二匹がずっと僕に向かって「やめろやめろ」といわんばかりに吠《ほ》えていたりする。仲間を助けようとしているのだろう。また、イヌに限らず、ネコやウサギやフェレットなどを多頭飼いしている飼い主さんから、一匹が死んでしまうと他の子たちの元気がなくなるという話をよく聞く。

こんなふうに見てみると少なくとも、イヌやネコなど哺乳類のペットには人間に近いようなしっかりとした心があると実感する。

動物の振る舞いの傾向を「性格」と表現するとすれば、動物によって性格が異なるのは、育つ環境の影響も大きいと思う。人間でいえば、太陽がいつも照っていて、温暖な気候で食べるものが豊富にあるような南国地方の人々がのんびり暮らしているように、動物にも同じような傾向があると思う。

たとえば、ウサギは生態系の中ではとても弱い生き物だから、性格も気弱だと思う人が多いけれど、じつは、いつも怒っているのだと思う。カゴに入って診察室へくると、カゴの中で、後ろ足をバンバンと床に叩きつけて警戒していることがある。

イヌはもともと野生動物であるオオカミから人間が長い時をかけて、人間と暮らせるよう改良したとされ、元来もっている警戒心や攻撃性は軽減された。

しかし、体の小さいイヌは基本的に憶病だ。チワワやパピヨン、ポメラニアンなどは、小さくて体も弱いからびくびくしている。びくびくしているが故、うかつに触ろうとするとガ

まだ
何にも
してないけど…
あのひと
ヤダヤダヤダ
ヤダヤダ
ヤダヤダ

ブリと咬《か》まれることがよくある。また、日本犬の代表、シバイヌも大変臆病で、それがかえって咬もうとする行動を助長しているようにみえる。なので獣医師が診療中に咬まれるイヌの種類はだいたい決まっている。

逆に、ゴールデンレトリバーやセントバーナードのような大型犬は、のらりくらりして、何をしても怒ったり咬んだりは絶対しないおおらかさを持っている。体の大きさで、それぞれ生きる術《すべ》が違うのだろう。

いま説明したように、イヌの品種によって持って生まれた性格の傾向というのはあるけれど、育った環境も後天的な性格として大きく影響する。

ときどき、見捨てられたイヌを受け入れた里親さんがそのイヌを病院に連れてくることがある。始めの頃は、診察室でおしっこを漏らしてしまうくらい臆病だったり、咬みつこうするくらい狂暴だったりするイヌが、里親さんに愛情をかけられて一緒に生活するうち、みるみる穏やかな性格になるのをよく目にする。やはり愛されて育てば性格は穏やかになるのだ。

また、動物の性格は集団で暮らしている動物か、単独行動をする動物かによっても違ってくる。集団で暮らす動物は、もちろんだがちゃんとした仲間意識を持ち、ときにチームワークを発揮する。

以前、アフリカの動物を撮影したテレビ番組で、ライオンに襲われたバッファローに対し、仲間のバッファローが大群で、チームワークを発揮してライオンを追い払うシーンがあった。動物に興味がない人にとっては、仲間を助けるという行為は普通の光景に見えるかもしれないが、僕からすると、野生のバッファローが、ライオンに対して自分の命を顧みず仲間を救おうとする心があるなんてすごく意外だったし、感動して逆に動物から学んだ。

同じような例で、リクガメがひっくり返って起きられないでいると、仲間のリクガメがやってきて、甲羅を使って助け起こそうとするような行動をとる動画を見たことがある。単独生活者のカメの小さな脳にそんな心があるのかと思うけれど、きっとあるのだろう。なにしろ広大な大地でバラバラに暮らしていて、交尾の季節になったら、同じ種類を探して交尾をするのだ。仲間意識がなければ、出会うこともできないのではないだろうか。

ところで、先ほど「ウサギはだいたい怒っている」と書いたが、怒っているというのは人間の言葉で、本当はそうではないかもしれない。単に生きるための行動にすぎないのかもしれない。家畜であるウマやイヌやネコの感情や行動は、人間の喜怒哀楽で比較的表現しやすいかもしれないが、たとえば海でカニに手を挟まれて「カニが怒っている」というのは人間的感覚で、便宜的にそう表現しているにすぎない。はたしてカニが「怒って」いるかは、誰にもわからない。ただ、ダンゴムシに心があるなら、カニにも心はあるだろう。「心」を科学的に語るというのは、とても難しい問題だ。

一つ言えることは、動物はストレスを感じればそれに対応するホルモンが出て、ストレスに対してさまざまな生理学的変化が引き起こされる。

人間はストレスと言うと、「学校で友達と上手《うま》くいかない」とか「会社で上司とウマが合わない」といった心理的なものだけを想像しがちだ。けれども、ここで言うストレスには、物理的に狭いところに閉じ込められたり、ケガで痛みを感じるような肉体的ストレスも含まれる。実際、ウサギやウマに大きな心理的もしくは物理的ストレスをかければ胃潰瘍ができる。動物も心と病気は関係するのである。

病気の話が出たところで、次章ではそもそも病気とは何かという問題について話をしていこう。

第二章　病気って何だろう?

認識したところから病気は始まる

僕は以前から、「動物も人間も年をとると心臓や腎臓が悪くなったり、皮膚がシワシワになったりするけれども、それは病気なのだろうか、あるいは単に老化なのだろうか」とよくわからずにいた。WHO(世界保健機関)は、人の健康を「身体的、精神的、社会的にも完全に良好(健康)な状態」と定義している。こう書かれると、ひねくれ者の僕は「そんな完璧に健康な人なんているのか?!」と思ってしまうが、いちおう定義は定義だ。

愛玩動物飼養管理士という、ペットについて学ぶ資格試験のテキストでは、この人間の健康の定義は家庭動物、つまりペットにも適応されるとしている。また、病気について次のように定義している。

「生物が全身的に、あるいは体の一部になんらかの原因により異常をきたして、正常機能を営むことができなくなった状態。先天性/後天性。感染性/非感染性」

こうして見ると、年をとって心臓や腎臓が悪くなるのは、体調が思わしくなくなり、正常機能を営めなくなったという時点で、病気という概念が当てはまるだろう。逆に、顔にシワができても、生き物として正常機能を営めているのであればそれは病気ではないと言えるが、一方で、顔のシワをすごく気にしすぎて精神的に良好な状態でなければ、健康とは言えない。

いずれにしても、少し哲学的だが、僕ら人間もペットも病気だと認識したところから病気はスタートする。つまりガンにかかっていても、本人に自覚症状もなく、お医者さんがガンだと診断しない限り、その人は病気とは気付かないし、病気とは言えないのだ。実際臨床の現場にいると、病気と病気でない境目はずいぶんとあいまいなものではないかと感じる。

それは病気の原因も同じだ。ペットが病気になると、「原因は何でしょうか」とたびたび聞かれる。でも、正直「よくわからない」ということが多い。「食べ物が悪かったんでしょうか」と聞く飼い主さんも少なくないけれど、食べ物ばかりが原因ではない。

教科書的に言うと、病気の原因は主に三つある。一つ目は動物自身の要因。遺伝病などがこれに当たる。二つ目は感染症などの疾病要因。三つ目は環境的要因だ。食事や生活環境はこの三番目に当てはまる。これら三つのうちの一つまたは二つ以上のものが要因になったとき動物は病気になる。すなわち、要因が一つとは限らないのだ。

そうは言っても、中には「うちのコは健康そのもので環境も完璧なのに、どうして病気になってしまったんだろう」と考える人もいるかもしれない。でも本当に完璧かどうかなど、誰にもわからない。人間だって、三食ちゃんとしたものを食べ、お酒もたばこもやらなくても、頭が痛くなったり下痢をしたりすることだってある。

あるいは、イヌやネコを多頭飼育していて、そのうち一匹だけたまたま病気になると「なんでこの子だけ病気になるんだろう?」と言う飼い主さんもいる。けれども、学校のクラスでも、インフルエンザが流行《はや》ったときにかかる子とかからない子がいる。これと同じで、動物もそれぞれコンディションが違うし、そこには目に見えないさまざまな要素がある。

このように、病気の本当の原因を探すのはとても難しい。現代社会はあらゆるものがデジタル化している。何でもインターネットで検索すれば、それなりの答えが見つかる便利な時代だ。病気も検索するといくつもの原因が羅列されており、それを見た人の多くは「これが原因に違いない」と決めつけて思い込んでしまう傾向が強い。しかし、先ほど述べたように病気というのはとても流動的で原因が一つとは限らない。

会社で何か大事故が発生した場合、二九の軽微な事故、三〇〇の些細な事故が存在するという法則があるが、病気になったり命がなくなったりする裏には、それくらい、もしかするとそれ以上目には見えない要因があるのかもしれない。

病原体御三家とは?

先ほど病気になる三つの要因を挙げたが、健康な動物を病気にさせる大きな要因の一つとして、病原菌を挙げることができる。一般的には、ばい菌などという言い方もする。

病原菌を扱う大学の授業には、「伝染病学」というものがある。文字通り、伝染病ばかりを学ぶ学科だ。伝染病と言ってもその種類は無数にあり、また、聞きなれないカタカナばかりなので、勉強する方は名前を覚えるだけでも大変だ。

では、病原菌と言うと具体的には何が含まれるだろう。たとえば、冬に流行するインフルエンザは、誰でも知っているだろう。夏になると足の裏がかゆくなる水虫にかかったり、思春期には顔にニキビができたりすることもある。それらはすべて、病原菌が悪さをした結果だ。

このように「病原菌」と一言に言っても、じつにたくさんの種類がある。また、厳密にはインフルエンザなどのウイルスは「菌」ではない。だから「病原菌」とか「ばい菌」は、専門的には「病原体」と呼ぶ方が正しい。病原体は読んで字のごとし、病気の原因の生物(体)だ。

代表的な病原体は、その性質によって大きく三つに分けることができる。①細菌②真菌③ウイルスだ（図2－1）。この他に、マイコプラズマやリケッチア、寄生虫、クラミジアなども病原体として認識されているが、専門的な話になるのでここでは省く。

細菌で有名なところでは、大腸菌やサルモネラ菌などが挙げられる。大きさは通常、一マイクロメートル（一ミリの一〇〇〇分の一）くらいだ。細胞膜と細胞壁に囲まれており、動物の体内に入って細胞分裂をしながら増殖していく。

細菌が増殖する過程で毒素を出すものもいる。悪いものを食べたときになる食中毒は、主に細菌から出される毒素によって、嘔吐《おうと》や下痢などの消化器症状が引き起こされたものである。

真菌は、言葉として聞くと、菌がついているので細菌と似ていて紛らわしいが、細菌と真菌とではまったく違う。真菌は、いわゆるカビと呼ばれるものである。じつは、僕も獣医学部に入るまでその違いがよくわかっていなかった。この感覚は日本人特有のものだと思う。英語名は、細菌はBacteria（バクテリア）、真菌はFungus（ファンガス）で、まったく別の呼び方をする。病原体としての真菌の形は細菌に似ているが、細菌よりも大きく、増殖の仕方も違う。病原体としての真菌には、水虫の原因となる白癬菌《はくせんきん》、肺炎を起こすアスペルギル

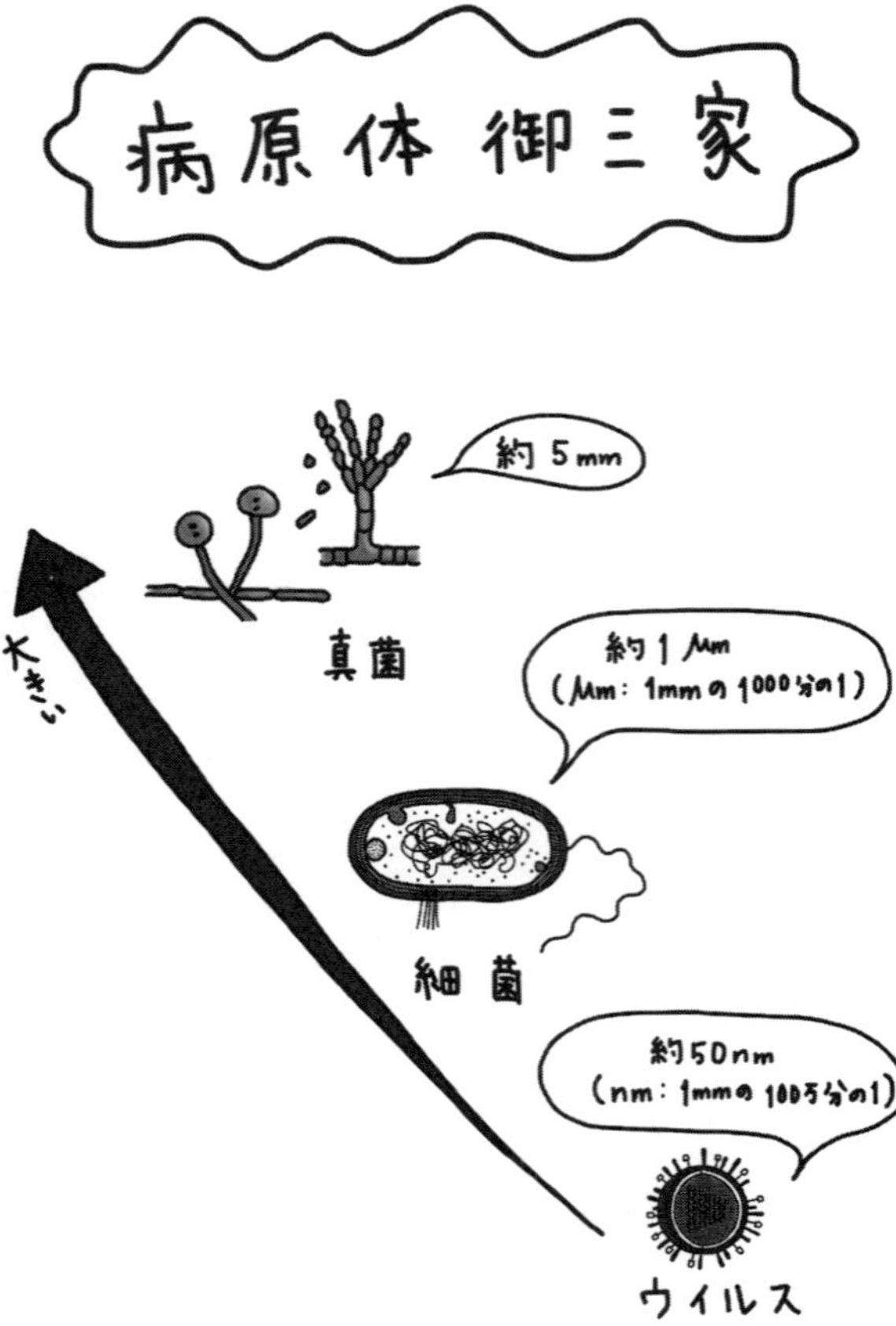

図2-1　ウイルスと細菌と真菌の大きさ

スなどが知られている。

ウイルスについては一章で触れたので詳細は省くが、身近なところでは風邪の病原体がそうだ。僕たちは、日常でちょっと調子が悪いときに、すぐに「風邪をひいた」、と言ったりするけれど、風邪は医学的に言うと「主にウイルスの感染による上気道（鼻《び》腔《こう》や咽頭等）の炎症性の疾病にかかった状態」のことを指す。とするとインフルエンザも、言わば風邪の一種だ。

ちなみに、イヌは風邪をひかないと言われる。なぜなら、イヌにはウイルスの呼吸器感染症がないことはないが、あまりみられないからだ。ネコの場合は、カリシウイルスやヘルペスウイルスによるくしゃみなどの呼吸器症状がよくみられ、ネコ風邪と呼ばれるが、イヌ風邪と診断することはほとんどない。

コッホの原則

菌やウイルスなどは病原体として特別な感じを受けるが、じつはどこにでもいて、僕らは日常的にそれらに囲まれて暮らしている。空気中に浮遊している菌は、ときに食べ物の上に落下し（これを落下菌という）、食中毒に似た症状を引き起こすことがある。この落下菌について、大学の菌を扱う授業で面白い実習があった。まず、細菌が好む寒天を入れたシャーレの蓋を一定時間開けておく。その後蓋をしてシャーレを逆さにし、三五℃で四八時間培養する。すると、最初は何もなかったように見えたシャーレの中で、餅に生えるアオカビのように菌のコロニーができ、どんどん増えてゆく。

衝撃的だったのは、シャーレを教室で開けたときとトイレで開けたときでは、トイレの方が明らかに菌が何倍も増えたことだ。トイレがばい菌だらけというのはよく言われるが、本当に菌がたくさんいることを実感したのであった。

ただ、細菌でも真菌でもウイルスでも、すべてが病原性を持っているわけではない。真菌の中には、キノコやパンやお酒を造るときに利用される酵母も含まれる。ウイルスも、悪さをするものは本当にごく一部だ。不顕性感染と言って、仮に感染していたとしても症状を示さないということもたくさんある。

では、世の中には数えきれないほどたくさんの微生物がいるが、病原性を持っていることを証明するには、どうしたらよいのだろうか。昔は微生物というものの考え方がなく、もちろんそこには病原体という概念もなかったため、人が病気になると「悪い気を吸った」「悪霊に取り憑《つ》かれた」などと考えていた。しかし、一九世紀に、コッホというドイツの医師が、ある種の病気は病原体によって引き起こされるということに気づいた。このときコッホは病原体の定義をこう決めた。

①ある同じ病気から一定の微生物が見出されること
②その微生物を分離（病変から取り出して培養）できること
③培養した微生物を感受性のある動物に感染させて同じ病気を起こせること
④そしてその病巣部から同じ微生物が分離されること

この四つの条件をそろえることができたら、その微生物は病原性を持っている、すなわち病原体であると言えるのだ。

ただ日和見《ひよりみ》感染（健康な動物に対して病原性を示さない病原体が、免疫力の低下した状態の動物で発症すること）のように、感染しても必ず発症するとは限らない病原体もあるので、必ずしもこのコッホの原則がすべての病原体に当てはまるわけではないことがある。しかし、何かの感染症で病変ができた、動物が死んだということを証明するには、いまでもコッホの原則がとても重要だ。

病院でも、ときどき原因不明で死んでしまった動物を解剖しておかしな病変を見つけ、それを培養検査に出すと、さまざまな細菌が見つかることがある。しかし、真の意味でその細菌がその病変をつくったり、動物を死に追いやったかどうかは確定できず迷うことが多い。それは、やはりコッホの原則を証明できていないからで、たまたまそこに病原体がいただけかもしれないからだ。

人類と感染症の闘い

人類の歴史は、感染症との闘いだったと言っても過言ではないだろう。先進国では現在、死に至るような感染症はワクチンを開発するなどの対策をとることで、死亡率を下げている。また法律をつくって、予防、駆逐を徹底してきたため、動物の感染症も含めて、感染症の流行もかなり少なくなっている。

たとえば発症したイヌに咬《か》まれると人にも感染する狂犬病は、日本では一九五七年を最後に発生していない。それは、日本では狂犬病予防法という法律をつくり、徹底して予防しているからだ。毎年イヌに狂犬病ワクチンを打たなければならないのは、イヌを狂犬病にしないのはもちろん、人に被害を及ぼさないため法律で決められたことである。海外からイヌを持ちこむ場合も、狂犬病予防法のもとに厳重な手続きを踏まなければならない。

また、日本には家畜伝染病予防法というものがある。これは家畜の伝染病が発生・蔓延《まんえん》して、社会経済的打撃が拡大することを防ぐための法律だ。家畜がこの法律で定められた伝染病、つまり家畜伝染病（法定伝染病）にかかると、各地域にある家畜保健衛生所に届け出をしなければならない。近年、家畜の伝染病で世間を騒がせている、ウシに感染する口蹄疫《こうていえき》などはこの法定伝染病に指定されているため、これらの疾病にかかった場合、かわいそうだが治療を行わず殺処分が必要となる。なぜ人に感染もしない口蹄疫の感染が、見つかったら殺処分までしないといけないのだろうか。口蹄疫のウイルスは非常に感染力が強く、ウシに限らずスイギュウやヒツジ、ブタに至るまでウシ目（偶蹄目《ぐうていもく》）に感染する。感染すると口、乳房や蹄《ひづめ》などに水疱《すいほう》をつくり、発育障害や乳量の低下を引き起こす。すなわち、家畜としての一番重要な生産性が低下し、その結果、経済的な大きな被害を被ることになる。したがって、これらを防ぐために殺処分という方法を取らざるを得ないということになる。

また、家畜伝染病予防法に定める届出伝染病に指定される「レプトスピラ症」という感染症があり、これはイヌでも発症する。この病気はレプトスピラという細菌が感染することで発症し、発熱や黄疸《おうだん》（目や口の粘膜が黄色くなる）といった症状が現れる。この疾患は、法律で定められた病気であっても治療が許されており、抗生物質の治療で改善することがわかっている。同じ動物でも、法律によってその後の扱いが大きく変わるのだ。

人間の風邪はサルにもうつる――ズーノーシスとは？

ズーノーシスという言葉を聞いたことがあるだろうか。人畜共通伝染病、人獣共通感染症などという言い方もある。厚生労働省では、より理解しやすいようにかもしれないが動物由来感染症と言っている。ＷＨＯでは「脊椎動物とヒトとの間で自然に移行するすべての病気または感染」と定義しているつまり人と動物に共通して感染する感染症のことだ。

ズーノーシスで代表的なところでは、アフリカのオオコウモリが持つエボラウイルスによるエボラ出血熱、これもコウモリの一種、キクガシラコウモリが持つＳＡＲＳコロナウイルスによって引き起こされる重症急性呼吸器症候群、水鳥が保菌するとされるインフルエンザウイルスによる高病原性鳥インフルエンザ（N5H1）などが挙げられる。

ウイルスによるズーノーシスの例を挙げたが、もちろんウイルスだけではなく、細菌や寄生虫によるズーノーシスもある。

先ほど細菌によって引き起こされるレプトスピラ症のことを説明したが、じつはこの病気、家畜やイヌだけではなく、人にも感染するズーノーシスだ。人の症状としては、軽度であれば風邪のような症状だが、悪化すると発熱、黄疸や腎障害を引き起こす。野生ではドブネズミが保菌しており、その尿で汚染された水や土から感染する。

したがって、人の感染症の法律である感染症法にも定められており、レプトスピラ症と診断した医師は地方知事に届け出をしなければならないことになっている。

寄生虫によるズーノーシスで、ときどき話題になるのがエキノコックスだ。エキノコックスは、日本では北海道のキタキツネが保有している寄生虫で、エキノコックスに感染した動物の糞《ふん》に汚染された水や食料などを介して感染し、人では重篤な肝障害を引き起こすことが知られている。

また、近年気にされ始めているのは、海外から輸入される野生の哺乳類や鳥類、爬虫類《はちゅうるい》などの感染症だ。先の家畜伝染病予防法は読んで字のごとく家畜のためのもので、これら野生動物は対象になっていない。最近では、さまざまなエキゾチックアニマルと呼ばれる動物が海外から輸入されているが、十分な検疫もなく、そのままペットとして販売されているのが現状だ。もしズーノーシスを持っていたとしても、法律として調べたり届けたりする必要がないので、見過ごされている可能性も否定できない。したがって、特殊な動物を飼うときには、そういったリスクを十分に知っておくことが大切だ。

ズーノーシスは、動物から人でだけではなく、もちろん人から動物にうつることもある。

人間の風邪がイヌやネコにうつることはないけれど、生物学的に近いサルにはうつることがある。冬の時期になると、マスクをして辛《つら》そうな飼い主さんが、咳《せき》や発熱をしたイタチ科のフェレットを連れてくることがたまにある。僕はその飼い主さんの話を聞いただけで診断がつく。インフルエンザだ。人のインフルエンザは、フェレットにも感染するズーノーシスなのだ。

動物に多い病気

さて、かつて病気の原因の筆頭に挙げられた感染症は、病原体の研究、衛生環境の向上、ワクチンの開発などに伴い、とくに先進国でその割合がどんどん減少してきた。よって死亡率の高い病気も様変わりした。いまの日本で人間の三大疾病と言えば、ガン、急性心筋梗塞《こうそく》、脳卒中だ。

この動物版三大疾病は、ペットの種類によって異なる。イヌの三大疾病と言えば、いまやガン、さらには腎臓病と心臓病だ。いずれも長寿の結果の病である。野生動物の場合、ガンにならないわけではないが、ペットと比べるとずっと寿命は短く、そのおかげでガンになる可能性も自《おの》ずと低くなる。

人のインフルエンザはフェレットにも感染する

それ以外では皮膚病が多い。なかでも、イヌのアトピー性皮膚炎が増えている。アトピーというのは、本来持っている皮膚のバリア機能が何らかの原因によって弱くなり、皮膚からさまざまな物質が入り込み、その物質に対して、過剰な免疫反応が起きてしまうことで引き起こされる。普通、皮膚の表面はしっかりと保湿されていて、皮膚表面の細胞自体に城壁のようなバリア機能が備わっている。しかし、アトピーを持っている皮膚の場合、皮膚の表面が乾燥して細胞がはがれ落ちるため城壁としての機能が弱くなり、さまざまな物質が体に入ってきてしまう。すると、後述する体の免疫反応というものが起きて、赤くなったりかゆくなったりするのである。

なぜイヌのアトピーが増えているのか。はっきりした原因はいまだに不明だが、大気汚染、気密性の高い家の中での飼育、人間の花粉症と同じでさまざまな花粉、ペットフードに含まれるさまざまな物質、また、飼い主が清潔にしようとするために洗いすぎたりするのも要因ではないかと考えられている。

ネコは一〇歳を過ぎて高齢になると痩せてきて、水をたくさん飲むようになることが多い。その理由の多くは慢性腎不全だ。ネコは腎不全や尿石症などの泌尿器系の病気が多い。ネコの祖先は砂漠に棲《す》むリビアヤマネコとも言われており、水分の少ない地域で尿をしっかり濃縮する高性能な腎臓が必要なため、長寿になればなるほど腎機能が落ちてしまうからではないかと言われている。

また、メスのウサギは五歳以上になると血尿の症状で来院することが多い。通常、動物で血尿と言うと膀胱炎《ぼうこうえん》を第一に疑うのだが、メスウサギの場合は違う。すべてとは言わないが、五歳以上のメスのウサギの血尿は十中八九、子宮に関連する病気だ。その中では子宮ガンが圧倒的に多い。子宮ガンが多い理由は、おそらく発情と関係しているだろう。なにしろウサギのメスは一カ月のうち、発情しない日が一、二日しかない。発情にはホルモンが関係しているが、ホルモンによる子宮への持続的な刺激が腫瘍を引き起こす要因の一つになっていると考えられている。

フェレットは、ペットとして売られている個体はすべて、生後しばらくしてすぐに不妊手術を施されて販売される。不妊手術は、オスなら精巣をメスなら卵巣を摘出する。そして、三歳以上になると副腎腫瘍がよく発生する。それは、性腺（精巣、卵巣）を早期に摘出したために、性腺から脳に性ホルモン分泌に関する負のフィードバック機構（88ページ参照）が働かなくなり、脳下垂体から副腎に持続的に刺激が与えられるため腫瘍化すると考えられている。

飼い鳥ではメスの卵詰まりが多い（図2-2）。鳥の卵詰まりは飼育下での「現代病」と言える。自然界では、季節の変化にともない環境も餌も変わる。乾期に餌が少なくなったり、雨季に餌が増えたり、他にも湿度や気温の変化など、あらゆる要因の結果として発情が引き起こされている。

しかし人間の飼育下では、限られた環境の中で不規則に発情が引き起こされ、その状況下で卵が作られることになる。正常な繁殖活動が営めないことで、卵が体内で異常に大きくなってしまったり、栄養不足によって変形した卵ができてしまったりして、その結果、卵が詰まってしまうことが多い。とくに、メスで一羽だからと言って鏡や鳥の形をしたオモチャなどを鳥籠に入れて飼っていると、卵詰まりはより起こりやすくなる。鏡に映った姿やオモチャに発情し、その結果、望まれない卵が作られてしまうのだ。だから、小鳥を飼うときはこのようなものを鳥籠に入れてはいけない。

爬虫類ではいまだに栄養性疾患が多い。イヌやネコは、イヌ、ネコの二種類の生物であり、生きていくために必要な栄養要求量がすでに研究でわかっている。そして、ペットフードにどの栄養素をどれくらい入れれば栄養失調にならないかなどもわかっている。

しかし、一口に爬虫類と言ってもその種は七五〇〇種にものぼり、それぞれ種によって生

図2-2　小鳥のメスの卵詰まりは、飼育下での現代病

息環境が違い、餌となるものもその場所でしか得られないものを食べていたりする。そのようにどこでも生きられるわけではない生き物を、僕らはペットとして飼っているわけだ。人間の飼育スキルは、そんなにたくさんのバリエーションがあるわけではない。多様な世界の中でニッチに生きている彼らの生息環境を、日本で完全に再現するなどまず不可能だろう。また用意できる餌の種類も限られるため、やはり栄養性疾患になってしまう。

多くのペット哺乳類では高齢になると心臓病が増える。その理由は、心臓は生まれてからずっと一定のリズムで動き続けている臓器だからだろう。言ってみれば、一生歩き続けたり、腕立て伏せをし続けているようなものだ。とくにハムスターなどの小動物は心拍数が非常に多く、心臓病になることも多い。

本川達雄《もとかわたつお》先生の『ゾウの時間 ネズミの時間』(中公新書)によると、ハツカネズミの一分間の心拍数は六〇〇から七〇〇回で、ゾウは二〇回程度。ゾウの方が寿命は長いが、一生に打つ拍動はトータルではそんなに変わらないという。となれば、仮に同じ年数を生きていたとすれば、よりハツカネズミの方が、心臓が疲労していることにならないだろうか。

また、病の皇帝とも言われるガンは、人間でも動物でも切っても切り離せない病気の一つだ。ガンは、別の言い方で「新生物」という。その意味は、「新しい生物」ではなく、「新生された物」という意味合いが強い。すなわち、正常細胞から新しい細胞や組織がつくられた、とも解釈できる。したがって、故障というより細胞再生エラーだ。細胞は常に分裂し、同じようにコピーされ更新されていくのだが、同じものをずっとコピーし回数を重ねていくうちに途中でエラーが起きることがある。そのままコピーされると、元のものとは違う細胞ができる。これがガン細胞となるのである。

最近では、動物の遺伝病も徐々にではあるが解明されつつある。この分野はまだイヌやネコのレベルに留まるが、将来的に目が見えなくなってしまう可能性を持つ遺伝子や、足腰が弱くなり歩けなくなる病気の遺伝子があることなどが研究され、実際に動物病院の診療現場でも診断が可能になっている。

イヌやネコの陰睾《いんこう》、つまり体外に出ているはずの睾丸が、片方もしくは両方ともお腹に入りっぱなしになって、将来的にガン化しやすくなる潜在陰睾は、遺伝することが古くから知られている。あるいは、ゴールデンレトリバーなど大型犬に多い股関節形成不全という病気も遺伝すると言われていて、近年では、こうしたイヌやネコは繁殖に起用しないようにと注意が払われている。

難産も同様に、一種の「遺伝病」と言えるかもしれない。野生に生きている動物に、難産はほとんどないだろう。仮に難産が多い動物がいたとしたら、その種はとっくに絶滅しているだろう。しかし、家畜やペットは、飼育下という元来の動物にとっては「不自然」な環境で生活することや、人間が行った交配によって正常な分娩《ぶんべん》ができなくなっている。たとえば、ウシと闘うため大きなあごを持つように作られたブルドッグは、その大きな頭がゆえ、分娩時に母犬の骨盤に引っかかってしまうので、基本的に帝王切開で出産することになる。

イヌやネコの純血種と言われる品種は、同じ形質を持った品種同士が交配を繰り返すため、どうしても同じ品種ではいわゆる血が濃くなる、もしくは同じような遺伝子を持つことになりやすい。同じような遺伝子を持つということは、品種特有の遺伝病を持ちやすいということにつながる。言い換えると、家畜化されたペットは多様性に乏しく、逆に工業製品のようにある一定の品質を確保されていると言える。

話は少しそれるが、なぜ生き物に多様性が必要なのか。それは、極端な例だけれど、もし仮にいろんな生き物が同じような場所に住んでいたり、同じようなものを食べていたり、同じような行動をしていたとしたら。もしある生息域に何らかの感染症だとか、異常気象だとか、そういった何か大きなインパクトが起きた時、みんな同じようだと一気に死んで滅んでしまう可能性があるということだ。

生き物の究極の目標が子孫繁栄だとしたら、多様性がある方が、生き物全体として考えた場合生き残る可能性が高くなるので、より多様性が高い方が好ましいと言える。

僕は、診療でたくさんの種類の動物を見ているので、こんなふうに、なんとなく動物の種類を越えて病気になりやすい傾向を毎日肌で感じている。

体の中を一定に保つ仕組み

ところで動物は、病気からどのように体を守っているのだろうか。これを知るための、生理学という学問がある。獣医学部に入ると、解剖学とならんで最初に学ぶ専門科目の一つだ。大学では哺乳類を中心に学ぶので、ここで言う生理学も、主に哺乳類の体の中で起きている仕組みや働きについての話である。

一章でも述べたが、僕らの体は骨、筋肉、臓器などたくさんの器官から形作られている。それぞれの器官は、それだけでは機能しない。全身のすべての器官がきちんと連動し合って初めて、生命としての営みを可能にするのである。

だから生体は、生きていく上で、外部の環境の変化にともなって引き起こされる体内の変化を、常に一定の状態に保とうとしている。この働きを「恒常性」と言う。漢字の「恒」も

「常」も、「いつも変わらない」という意味だ。ホメオスタシスとも言う。

ではどうやって、体内の環境を一定にしていくのか。それは神経やホルモンの働きによる。神経は、「ニューロン」とも呼ばれる神経細胞からなる組織から電気信号を伝えることで、隣の神経組織に情報を伝えていく。

神経には、自分の意思でコントロールできない自律神経系があり、これは交感神経と副交感神経に分けられる。交感神経は体が興奮するようなときに働く神経で、驚いたりして瞳孔が広がったり、血圧が上がるのはこの神経の作用だ。「闘争と逃走の神経」とも呼ばれる。逆に副交感神経は睡眠中や食事中など体が安らぐリラックスするようなときに働く神経だ。そして、この交感神経と副交感神経が互いに補い合うように働いている。

ホルモンも体の恒常性を維持するためにとても大切な物質で、脳の下垂体や甲状腺、副腎など体内のさまざまな部位で作られ、人間の場合一〇〇種類以上あると言われているが、そのすべての作用がわかっているわけではない。

ホルモンは体液や血液を通じて体内を回り、特定の器官（細胞）でその役割を刺激するため「生理活性物質」とも呼ばれる。一般に、体の成長や骨格、筋肉、生殖器などの発達に関係する成長ホルモンや、主に卵巣や精巣で作られ、繁殖行動や子どもを育てるなどの本能を

生き物には多様性が必要
ぼくはあっちへ行くよ
あばよ
こっちのほうがラクなのにー
へー

つかさどる性ホルモンがよく知られている。

またこれらホルモンは、生体内でさまざまな器官を働かせたり休ませたりする指令を出す。単独で働くものもあるが、連鎖して働くことが多い。

たとえば、脳視床下部から出たホルモンが脳下垂体を刺激し、それにより下垂体から出た別のホルモンが卵巣などの器官を刺激して卵巣の活動を促す。面白いことに、この場合卵巣から出たホルモンは、最終的に一番初めに指令を出した脳視床下部に「卵巣を刺激するホルモンを少なくしなさい」という指令を伝える。これを「負のフィードバック」という。このようにしてホルモンはプラスとマイナスの指令で、体内の様々な環境を一定の状態に保っている。

自律神経もホルモンも相反する作用を持ち合わせており、まるでやじろべえのようにうまい具合にバランスをとって体内を一定な状態に保つよう働く。

免疫反応という体内の警察

体内のやじろべえのような「恒常性」が崩れる大きな要因の一つとして、外部からの「敵」の攻撃がある。この「敵」というのは、先ほど書いた細菌やウイルスなどの病原体だ。

これらはたびたび生体を脅かす脅威となる。そこで生体内には、こうした「敵」からちゃんと自分の体を守るいくつもの「警察」が存在している。これがいわゆる免疫反応というものである。

免疫というと、日常会話に出てくるように「免疫力が落ちている」とか「免疫力を上げる」などと使うイメージがあるかもしれない。でも、本来はとても科学的な確固たるシステムなのだ。

では、この体内の「警察」のシステムはどんなふうになっているのだろうか。脊椎動物の免疫には、液性免疫と細胞性免疫という二つの系統がある。少し難しいかもしれないが、大事なことなので、まずは液性免疫から簡単に説明しよう。

病原体となる細菌やウイルスなど、自分とは違う異物は抗原と呼ばれ、言わば「悪いやつ」だ。この抗原が体内に入ると、白血球の一種でパトロール役のマクロファージなどがすぐに駆けつける。彼らは「ここに悪いやつがいる！」と確認し、同じく白血球の一種であるリンパ球のうちBリンパ球というものに応援を頼む。するとBリンパ球が形質細胞に変化し、この「悪いやつ」専用のタンパク質でできた抗体を作る。

抗体は「悪いやつ」、つまり抗原の形にぴったりあった鋳型みたいなものだ。それでパコッと抗原に蓋をしてしまうと、抗原はそれ以上、悪さができなくなる。これを抗原抗体反応と言う。

抗原抗体反応が起きていったん専用の抗体ができると、二度目の侵入のときには、すぐに同じ抗体を大量かつ素早く作れるようにメモリーされる。言ってみれば、一度犯罪をした人のデータが、警察署のデータベースに登録されるようなものだ。この免疫システムは、血液や体液の中の抗体が体を守っているので、液性免疫と呼ばれている。これを応用したのがワクチンだ。毒性をなくしたり弱めたりした病原体を事前に体内に注入し、抗体を作っておくことで、感染症にかかりにくくする。

しかし、液性免疫による防御は少々時間がかかる。病原体が体を攻撃しているとき、場合によっては抗体だけでは防御しきれないケースも出てくる。その場合に備えて、先発攻撃隊も派遣しておく。そこで活躍するのが、リンパ球のうちTリンパ球というものだ。

Tリンパ球は、「悪いやつ」の刺激を受けて細胞傷害性T細胞に変化し、ウイルスや細菌などを直接攻撃することで、病原体の増殖を抑圧する。たとえるなら、体当たり攻撃で敵をやっつけるようなものだ。この免疫システムは細胞性免疫と呼ばれている。

このように、脊椎動物の体の中では、感染防御のためにこの二つの免疫システムが非常に重要な役割を果たしている。でも、免疫は最初から備わっているわけではない。生まれた瞬間は、ほぼ無免疫だ。哺乳動物の場合、正確には胎盤から免疫を少しもらうが、基本的には、最初に飲んだお母さんのおっぱい、初乳から免疫を受け取る。

その後、成長するに従って免疫システムはしっかりと整ってくる。人間でも、子どものうちはよく風邪をひいていたのに、大人になったらすっかり丈夫になったという人がいるだろう。これは人間以外の哺乳動物でも同様だ。ただ残念なことに、鳥や爬虫類などの免疫系はまだ十分に研究されていない。

免疫を利用した病気の予防

いまお話しした免疫に関し、それを使った病気の予防方法としてよく知られているものにワクチンがある。感染症予防の大きな転機となったワクチンの始まりを知っているだろうか。いまから二〇〇年以上前、一八世紀の終わりの頃だ。当時、天然痘という感染症がときどき流行し、死亡率の高い病として非常に恐れられていた。

あるとき、エドワード・ジェンナーというイギリスの医者が、牛痘という牛の感染症が流行している地域の農夫は、天然痘にかからないという話を知った。牛痘も天然痘も、どちらもポックスウイルスというウイルスによる病気で、牛痘は人間にも感染するズーノーシスだが、人がかかってもその症状は軽い。そして牛痘に感染した農夫たちは、ポックスウイルスに対して抗体ができるため、天然痘にもかからなくなるか、かかっても軽い症状で済んでいたのである（図2－3）。

このことに気づいたジェンナーは、牛痘から天然痘のワクチンを開発することに成功した。これがワクチンの始まりで、天然痘は人類が最初に根絶した感染症となったのだ。

これとよく似た考えでは、野良ネコは泥水をペロペロなめても下痢はしないかもしれないが、いつもきれいなお水しか飲んでいない室内飼いのネコが、いきなり外に出て泥水を飲んだら、下痢をしてしまうかもしれない。それは、僕ら日本人が外国を旅行し、現地の人が飲んでも平気な川の水を飲んで下痢をしてしまうのに似ている。

野良ネコも現地の人も、いつも飲んでいる水の中の細菌に対して、抗体ができているのだ。言うなれば自然にワクチン接種しているようなもので、つまり免疫があるということになる。でも、だからといって、免疫力が「高い」かどうかは別の話だ。彼らはその水に対して免疫力があるとは言えるが、別の場所で別の水を飲んだら、下痢をしてしまうかもしれない。ちなみに、僕は学生時代アマゾン探検に行ったとき、水筒を忘れてきて喉が渇いてしまい、茶

図2-3　牛痘に感染した農夫は、天然痘にかかりにくい

色に濁った川の水を飲んだが下痢はしなかった。

また、野生動物は感染症にかかっても、じっと耐えて自分の免疫力だけで治さなければならない。一方、ペットの動物は動物病院で薬をもらって治したりする。一見すると、野生動物は免疫力が高そうに思うかもしれないが、野生動物では免疫の弱い個体は淘汰《とうた》されてしまい、強い個体だけが生き残ることになるのだろう。

免疫力アップデータのからくり

少し話はそれるが、ちまたには、免疫力がアップするという食品やエキスがたくさん売れている。謳《うた》い文句には「リンパ球の数を増やす」などとある。たしかに免疫を担うリンパ球を増やす作用があるというのであれば、結果として免疫が上がっているということに結び付けるのもなんとなくわからないでもない。

でも僕は、これはちょっと違うのではないかと思う。よくそういった免疫力アップを謳うサプリメントの広告には、実験データのグラフを載せているものがある。使う前と後ではこんなに違います、というような感じでいかにも効果があるように見えるデータが載っていることもある。

そもそも実験に関しては、基本的に大きく二つの実験系がある。in vivo（イン・ビボ）とin vitro（イン・ビトロ）だ。簡単に言うと、イン・ビボはネズミや他の動物など生体を用いた実験系のことを示し、一方イン・ビトロは試験管内で行う実験のことで、試験管や培養器などの中で生き物の組織を使って体内と類似した状況を作り、薬などの効果を検出する方法だ。

ともに科学的に行われた実験であれば、その結果は両方とも正しいと言える。だが一方で注意しなければならないのは、イン・ビトロで行った実験結果がそのまま、イン・ビボでも同じように得られるとは限らないのだ。たとえば、イン・ビトロの実験によってリンパ球の上昇を引き起こすような物質であっても、イン・ビボ、すなわち生体を使った実験ではその効果が見られないことだっていくらでもあるのだ。それくらい、試験管内と生体内では反応が異なることがある。

もっと言えば、仮にイン・ビボの実験系で得られたデータだとしても、実験に使っている動物がマウスであったとすれば、その物質が本当に人間に対して同等の効果を示すとは限らない。それは人を使った臨床実験データを集めないと、やはりわからないことなのだ。

だから、もしなにかの薬物や健康食品の資料を見るときには、ぜひイン・ビボなのか、イン・ビトロの実験で得られたものなのかを確認してほしい。

生命科学における実験データというのは、一見、すべて真実のことのように見えるけれど、じつはこんなふうに簡単に白黒つけることができない難しい側面を持っている。

体の防御反応

さて、話を戻すと、免疫反応は生体の防御反応の一つだ。僕らの体は「外敵」つまり異物や外からの刺激に対してさまざまな防御反応を示すことで、自分を守ろうとする複雑な仕組みを持っている。

たとえば、蚊に刺されて赤くなったりかゆくなったり、花粉症で鼻水や涙が出たり、風邪をひいて熱が出たりするのも、すべて体の防御反応によるものである。あるいはタンスの角に足の指をぶつけて痛いと感じ赤く腫れるのもそれに含まれる。

この痛みや腫れ、発熱などはいわゆる炎症によるもので、発赤、熱感、腫脹、疼痛《とうつう》を「炎症の四徴候」と言う。炎症と言うと悪いことのようなイメージがあるかもしれない。けれども炎症が起きることで、体内では外部からの異物や壊れた細胞を取り除き、体内の状態を通常と同じに保とうとする。これも、前述した恒常性というものである。

ここで、発熱の仕組みを見てみよう。ウイルスや細菌に感染すると、動物は発熱する。病原体が体内に侵入すると、免疫を担当する細胞たちがサイトカインと呼ばれるタンパク質を放出し、それによって、さまざまな細胞がさらに活性化される。最終的に発熱に関わる脳内の神経回路を活性化させて体温の上昇（発熱）を引き起こす。この発熱は本人にとっては辛いことだけれども、高温に弱い細菌を増殖させない効果があったり、免疫系を活性化する役割がある。だから、発熱をしたときに、なんでもかんでも解熱剤を用いて熱を引かすことはあまりよくないことなのだ。

実際どうやって体温が上がるかと言うと、熱が三六℃のとき脳内の神経細胞が活性化され、体温を三七℃にしましょうと温度設定する。すると生体は筋肉を動かし、体温を上げようとする。風邪の引き始めで発熱しそうなときに、体が震えて悪寒《おかん》がするのはこのためだ。逆に熱が下がるときは、脳が三六℃にしましょうと設定しなおす。すると今度は汗をかかせることで、その気化熱で熱を下げようとする。そのため熱が下がるときは、汗びっしょりになって体が熱く感じる。

この体温についての話は、自分で体温を一定に保つことができる恒温動物の話だ。哺乳類や鳥類などの恒温動物というのは、筋肉や肝臓などで熱を産生している。爬虫類や両生類な

て利用して熱を太陽主に、温度の中環境、ため弱いが機能す出りを作熱で体内は動物変温どの
外部から熱を取り入れなければならない。

恒温動物の体温は、動物の種類によって異なる。人間は三六℃前後だが、イヌやネコは少し高くて平熱が三八・五℃くらいある。鳥の平熱はさらに高く、四〇℃ほどだ。ただ、いずれの動物も四二・五～四三℃を超えることはない。なぜなら、体温がこれ以上上がると、僕らの体を形作っているタンパク質が凝固して、体内の細胞すべてが死んでしまうためだ。

逆にこれを応用して、人間やイヌネコの医療現場ではガンの塊に電極を刺し、サーモスタットを用いて局所的にガンの部分を四三℃に調整することで、ガン細胞だけを殺すという温熱療法が用いられている。

生体の防御反応は、ときどき行きすぎると不都合を起こす。たとえばアレルギーは、体を守るための抗原抗体反応が何らかの理由で悪い結果をもたらすようになった状態だ。いまや国民病といわれる花粉症は、生体にとって異物となる花粉を排除しようとする免疫反応のひとつであるが、その結果、過剰な反応が、鼻水が出たり目がかゆくなったりなどのアレルギー症状を引き起こす。

また、アレルギーの中にはショックを引き起こすものもある。医学や獣医学で言うショッ

クは、決してびっくりしたり、驚いたりして精神的に落ち込むことではない。ショックというのは、何らかの原因で血圧が下がり命の危険にさらされる状態を言う。その中でアレルギーが原因となって起こるショックをアナフィラキシーショックと言う。アナフィラキシーショックの代表的なものに、ハチなどに刺されて起こるショックがある。ハチに刺されると毒素が体内に入る。その毒素に対する免疫反応によって血管を拡張させる物質が過剰に出る。そうなると全身の毛細血管が一気に広がる。すると、それまで細い血管を流れることで一定に保たれていた血圧が急激に下がってしまうのだ。体は血圧が下がりすぎると生きていけないため、気絶したりする。これがアナフィラキシーショックの仕組みだ。体を守るための免疫反応は命を落とすこともあるのだ。

傷が治る仕組み

これまで病気について書いてきたが、最後に転んでケガをしたりするときにできる外傷についても触れておこう。僕らの体は傷ができると、それを塞ごうとするシステムを持っている。これも、恒常性を保つための生体の作用の一環と言えるかもしれない。

傷が癒えるためには、まず血液が不可欠だ。血液の中には、前述したが、細菌やウイルスの外敵が来たらそれをやっつける働きを持つ免疫細胞や抗体、そのほか細胞の栄養になるタンパク質、血液を凝固させる成分など、じつにさまざまな役割を持つ成分が入っている。

さて、傷が癒える過程は、おおざっぱに言うとまず血液中の血小板などが血液を凝固させることで傷口に蓋をする。その後傷を埋める役割を持つ細胞がやってきて、そこからコラーゲンが分泌され足場を作る。その足場を手掛かりに毛細血管が発達する。血管が発達すると、さらに傷の修復に必要なタンパク質などが供給され、同時に細胞も活性化されるため、傷周辺の細胞が活発に自己増殖を繰り返し、傷が修復されていく。だからどんどん血液が流れていれば、傷の治りも早くなる（図2-4）。

よくイヌやネコの飼い主さんが「うちのコの古傷が治らない」と来院することがある。傷を少しひっかいてみると、ほとんど出血しない。こういうときは、血液がたくさん走っている組織まで大きく切って、血液がたくさん出るような状態を作る。こうして血流を確保すると、治りにくかった古傷も治りやすくなる。

あるいは、皮膚にできた腫瘍を摘出した際に、皮膚にできた欠損部を埋めるため皮膚を寄せて形成する場合、血流のない皮膚だと手術の傷は治らないどころか、その皮膚は壊死《えし》をして脱落してしまう。血液の流れている生きた細胞を持った皮膚を使って皮膚を寄せ合わせな

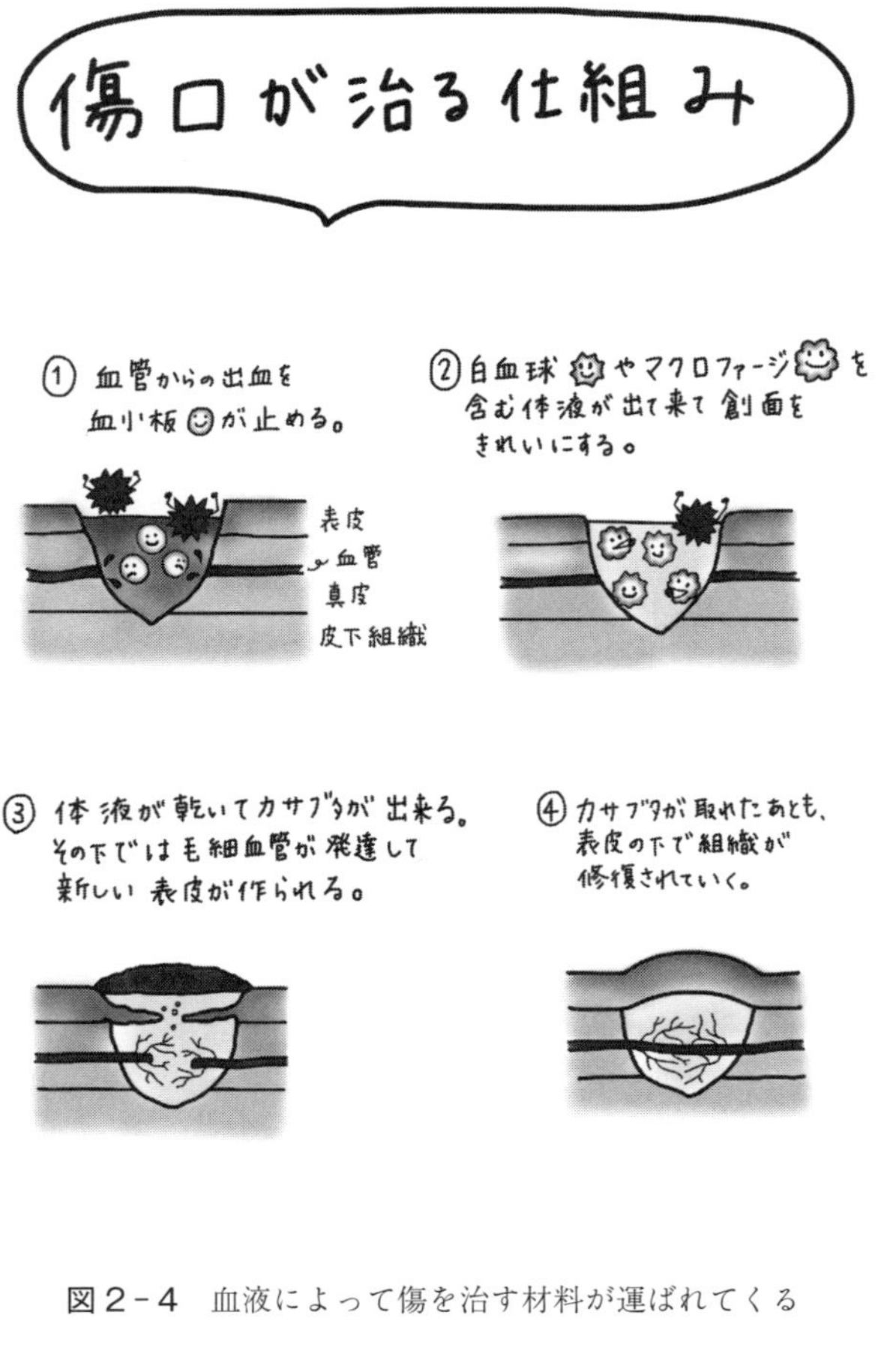
傷口が治る仕組み
① 血管からの出血を
血小板が止める。
表皮
血管
真皮
皮下組織
② 白血球やマクロファージを
含む体液が出て来て創面を
きれいにする。
③ 体液が乾いてカサブタが出来る。
その下では毛細血管が発達して
新しい表皮が作られる。
④ カサブタが取れたあとも、
表皮の下で組織が
修復されていく。

図2－4　血液によって傷を治す材料が運ばれてくる

いと傷は治せないのである。

さらに、こんなこともある。細菌感染してしまって、皮膚に深く大きな穴があいて血がにじむような皮膚病と、一見すると皮膚の表面だけで、うっすらとしたちょっとした皮膚病とで同じ抗生物質を飲んだ場合、どちらがより早く効果が出るだろうか。軽い皮膚病の方が簡単に治りそうだが、じつは、穴が深い方が薬は効きやすいことが多い。なぜならば、薬の成分は血流によって全身に回るものなので、血液が豊富な深い傷の方が薬は皮膚病変に届きやすく、細菌を殺しやすいのだ。

また、ウサギに膿瘍《のうよう》という病気がある。歯の根元から細菌が入り、あごに膿《うみ》がたまる病気だ。膿瘍の中を開けると、まるでカマンベールチーズみたいな膿が出てくる。ウサギの膿瘍はいくら抗生物質を飲んでもほとんど良くならない。なぜなら膿の中には血流がないから、薬が中に入っていかないのである。

薬と血液のことで、ちょっと面白い話がある。人間では点滴というと普通、静脈にカテーテルを入れてそこから薬を流していく。そうすることで、血液を介して全身に薬が回って効いていく。しかし、ハムスターのような小さな動物は血管が細すぎて、血管にカテーテルを入れることができない。そういうときは大腿骨《だいたいこつ》などの太い骨に注射針をギリギリと差し込みそこから薬を投与する。骨の中にはスポンジのような骨髄があり、そこで血液を作っている。骨髄内に薬を入れることで、静脈に投与するのと同じように全身の循環に薬を流すことができるのだ。

骨と言えば、カメの甲羅も骨が進化したものだ。手前味噌だが、以前僕が開発したカメの手術後に甲羅を閉じる方法は治癒速度が速く、治癒率が高いのがウリだが、実はこの血液による治癒促進を利用した方法なのだ。カメの開腹手術でお腹の甲羅を四角く切るとき、切り取る部分の四辺のうち一辺だけ、甲羅と筋肉を完全に剝がしてしまわずに残しておく。するとその筋肉から切り抜いた甲羅に血液が供給されてより治りがよくなったのだ。

こうした治療方法や考え方は、じつは大学では学ばない。大学で教わるのは、血液が細胞に栄養を与えているとか、血管がどのように走っているかとか、あるいは薬が血液にのって全身に回るといった基礎的なことだ。これらは大学低学年の生理学や解剖学で学ぶ。

その基礎知識の上で、傷の状態によって薬が回りやすいとか回りにくいとか、骨髄に薬を投与するとか、手術後に穴の開いた皮膚をどう形成するかなどを、卒業後、臨床の現場で学んでいく。そこで次章では、診療の現場で、どんなことを学ぶかについて話をしよう。

第三章　獣医師になってわかったこと

病気には治せないものもある

大学で獣医学を学んでいたとき、病気は治るものだと漠然と思っていた。また、わからないことがあっても調べればほとんどはわかるとも思っていた。でも、獣医師になってみて治らない病気、治せない病気、わからない病気がたくさんあるのだということを、嫌というほど思い知った。

大学の低学年・中学年で学ぶことは一、二章で書いたように基礎科学的なことが中心で、具体的に病気を治すことを学ぶのは五、六年生になってからだ。そこで初めて、「心不全というのはこういう状態の病気です」と教わる。すると、「一、二年生の時に生理学や解剖学で学んだ心臓が動くサイクルの、あの部分がおかしくなるんだ」というように、過去に得た知識が繋《つな》がっていく。

たとえばインフルエンザにしても、二、三年生ではインフルエンザウイルスについて、「ウィルス粒子には二つの突起が付いていて、何ナノメートルの大きさだ」とか、「感受性のある動物は何と何で、くしゃみをしたときの飛沫《ひまつ》でうつる」といったウイルスの特性を学ぶ。そして学年が上になると、臨床の授業で鳥インフルエンザという病名が出てきて、「あのときのウイルスは、こういうふうな症状を出す」「感染動物を病理解剖すると、こんな病変を作る」ということを知る。

こうして基礎的なことを学んでから臨床的なことを学ぶと、すべてに答えがあるとわかる。つまり病気というゴールは既にあって、それを前提に低学年の基礎科学から高学年の臨床学までを順番に勉強していく。けれども動物病院の現場というのは、単に症状だけが手がかりの状態から逆算してものを考えなければならない。当然、答えであるべき原因にたどりつけないこともあれば、はじめから答えがないことだってある。いや、正確に言えば、人類の叡《えい》智《ち》をしてもいまだ誰も知らない、ということも多々ある。

先日、ある獣医大生が僕の病院に実習に来ていたとき、ちょうどイグアナの手術があった。手術前にわかっていることは、お腹の中で何か異常が起きていて、治すためには外科的な治療、すなわち手術するしかないということだけ。お腹の中が具体的にどう異常を起こしているかは開けてみるまでわからない。

開腹手術をしてみると、大きな腫瘍があり、しかも癒着がひどく、現代獣医学の粋を集めたとしても助けられないということが一目でわかった。できる限りのことはするものの腫瘍は取りきれず、残ったままお腹を閉じるしかない。残念だが、近い将来死んでしまうだろう。このとき実習生が言ったのは、「病気って治るとは限らないものなんですね」ということだった。当たり前かもしれないが、僕も実習生の頃、同じことを思ったものだ。

飼い主さんとの会話は難しい

臨床の現場に出ると、一つ、大きく変わることがある。それは「飼い主さんがいる」ということだ。僕らのような臨床（研究ではなく、実際に目の前の動物の診療行為を行うこと）希望の獣医は、大学を卒業するとまず、動物病院に見習いとして就職する。大学ではずっと基礎的な学問に集中して勉強してきたから、そこには当然、飼い主さんは存在しない。飼い主さんとのコミュニケーションについて学ぶこともない。

でも病院で働くようになると、いきなり人が飼っている動物を診療することになる。実験動物でもなければ野生動物でもない、ペットの病気を治すためには、その間にいる飼い主さんとのコミュニケーションが不可欠だ。じつはこれがまたとても難しい。

見習いのうちは、院長が診察をするときに一緒に診察室に入る。そして動物を押さえる役目をしながら院長と飼い主さんとの会話を聞き、「こういうときにそう考えるんだ」とか「そういう質問の切り返しをするんだ」ということをじわじわと学んでゆく。

人間の患者が医者に話す主な病気の症状を「主訴」と言うが、人間の主訴と、飼い主さんが話すペットの主訴は違う。なぜなら、動物の場合は飼い主さんが認識できる範囲でしか、症状がカウントされないからだ。だから、動物病院に来る場合の主訴は、「食べない」「元気がない」「嘔吐《おうと》している」「下痢している」「おしっこに血が混じっている」「足をひきずっている」「皮膚がかゆそう」などということに限られる。

人間の場合は「頭が痛い」「お腹が痛い」と言えば、どのへんがどんなふうに痛いか、鈍痛なのかきりきり痛いのか、痛みの分類も大きな情報になるだろう。でもペットの腹痛や頭痛が飼い主さんには認識されることはほぼないので、「ウチのコ、頭が痛いです」という主訴は聞いたことがない。

また飼い主さんから見ると、とくに問題なさそうに思われるかもしれないけれど、動物では病気の症状として考えなければならないものがある。たとえば、「水をよく飲む」というのがそうだ。仮に、隣の人が水をたくさん飲んでいたとしても、問題だとは思わないだろう。むしろたくさん水を飲んだ方がいい、ということもある。だから、動物がたくさん水を飲んでいても、一見すると健康によさそうだ。

しかし人間の場合、水をたくさん飲んでいる人が、「ものすごく喉が渇くんだよ、いくら飲んでも」と言えば、普通じゃないと感じるだろう。動物も同じだが、動物は「喉が渇いてしょうがない」などと言ってくれないのでわからない。動物の場合、水をたくさん飲んでいるときはあまりいい病気がない。たとえば糖尿病、腎臓病、副腎や脳の病気、メスであれば子宮の病気などがすぐに挙げられる。

こんなこともある。「食欲がなくて全然食べない」と飼い主さんがイヌを連れて来た。「いつから食べないんですか？」と聞くと、「一週間前からです」との回答。本当にそんなに食べていなかったら大変だ。でもそのわりにイヌはピンピンしている。根掘り葉掘り聞いてみると、結局「その代わり、おやつはよく食べています」という話だった。すなわち、飼い主さんからすれば、いつもならフードをよく食べているのだけど、飽きてきて食欲がなくなってきたところにおやつを与えたら、バクバク食べた。何も食べないよりましだからと言っておやつばかりをあたえれば、ますますフードは食べなくなる。それを飼い主さん的には「食欲が全然ない」という言葉として獣医に伝える。しかし獣医からすれば、全然食べないという言葉だけが独り歩きして、あれこれ悩むことになる。

おやつは食べるんですよね？
食欲がないんです…

中には、自分が気になったことばかり話して、こちらの話をまったく聞いてくれない飼い主さんもいる。先日も「元気だったネコが、急に目が腫れて餌を食べない」と言ってやってきた飼い主さんがいた。「風邪を引いたんですね、熱もありますね」と言っても、「急におかしくなったんです」とそのことばかり気にされて、「風邪ですね」と言う僕の話は聞いていただけない。

「熱が下がれば食べられるようになると思いますよ」と話しても、ひたすら「こんなことは初めてです」という具合。こちらからすれば、飼い主さんの「初めて」だとか、「急に」という話は、本当に少しの情報にしかならない。むしろ発熱の方が、治療には重要な情報。

こっちの説明が十分伝わっていないかもしれないのも承知しつつ、なんとか解熱の注射を打って帰ってもらった。翌日来院したときには、今度は「急に治っちゃいました！」と何度も言っていた。「昨日治療した僕の立場は何?!」と、思わず心の中でつぶやいてしまった。

ともあれ、飼い主さんのどんな話でも、きちんと根本的なことから検証しないとペットの病気は見つけられない。大学を卒業したての最初のうちはこれがなかなかできない。飼い主さんが「吐きたそうにしている」と言うと、そのまま受け止めて、つい吐き気を伴う病気のことを考えてしまう。でも、このような場合も本当に吐き気なのかどうかの確認が必要だ。

獣医の感覚と経験

イヌやネコは、吐きたそうにしているように見えても、じつは咳《せき》をしていたなんてことがよくある。イヌネコの吐く仕草と咳の仕草はとてもよく似ているのだ。

あるいは、「イヌが嘔吐しています」と言われれば、獣医師になりたての頃は「何か悪いものを食べさせましたか」と聞いてしまうかもしれない。でも飼い主さんが、「昨日、メロンを食べさせました」と言ったとしても、本当にメロンを食べたことと吐いていることが直結するかはわからない。

正しい問診ではまず、「いつからか」「何回くらい吐いているのか」「何を吐いているのか」といった具合に、嘔吐に関する情報を客観的に得るように問診する。そうすると、メロンが原因で一日一〇回も吐かないだろうとか、一週間前から吐いているなら昨日のメロンは関係ないだろう、などと考えていくことができる。

逆に言えば、そういう基礎情報がない限り、いきなり何を食べたか聞いても意味をなさない。飼い主さんの話が時系列にそって理路整然と話されているとも限らないので、事件の聞き取り捜査をする刑事みたいに、一つ一つ繙《ひもと》いていかなくてはならない。繰り返しになるが、病気を治すためにはまず、飼い主さんからの話を聞きとる能力が必要だ。それができるようになるには、最低三年くらいはかかるだろう。

★コラム　動物に血液型はあるか

よく血液型占いというものが話題になる。A型は神経質で几帳面《きちょうめん》だとか、O型はおおらかだとか、そんなふうに血液型で人間の傾向を判断する占いは、みなさんもよく目にするだろう。ちなみにこの血液型占いは、日本人は結構気にするけれど欧米人はそれほど気にしない。私の知り合いのアメリカ人は血液型占いなんてはじめから信用していないし、そもそも自分の血液型を知らないという人も多い。

また、輸血の際には血液型の組み合わせにルールがあって、それが一致しないと輸血ができないというのも常識となっている。ではそもそも、血液型とは何をもって分類しているのだろうか？　動物に血液型はあるのだろうか？

血液型は、赤血球が持つ抗原によって分けられている。じつは、人間の赤血球が持つ抗原は二五〇種類以上あると言われている。赤血球だけではなく、白血球、血小板などの抗原を入れると数百の抗原が存在しており、その組み合わせパターンは、一つの受精卵が二分して生まれた一卵性双生児以外では一致することがないと言われるくらい、多様性がある。

そのなかで、僕たちが使っているＡＢＯ式の血液型の分類は、赤血球が持つ抗原の一部を見てＡ、Ｂ、Ｏ、ＡＢと四つの血液型に分けている。そして、赤血球が持つ抗原の抗体反応の有無で、輸血が可能かどうかが決まる。もし合わない血液型を輸血してしまうと、赤血球同士がケンカをして血液を凝集させてしまい、ショックが起きたり場合によっては死亡してしまうこともある。

では、人間以外の動物はどうだろうか。もちろん血液型は赤血球の抗原によって分けられるので、動物にも血液型が存在する。イヌでは一〇種類以上の血液型がある。治療の際に、血液型を調べたうえで輸血を行うことが動物病院ではしばしば行われる。病院によっては大型犬を飼っていて、緊急時の輸血ドナーとしているところもある。イヌには、血液型診断キットも市販されている。

しかし、ウサギやフェレットなどは血液型判定キットが販売されていないため、血液型を調べることができない。けれども、どうしても必要なときには輸血を行うことがある。血液型がわからないのに輸血しても大丈夫かという疑問が当然あるだろう。

でも実際の現場では、問題が起きることはきわめて少ない。ウサギの医学書にも、「一回目は問題が起きることは少ない」とだけ書いてある。おそらく、これらの動物は抗原と抗体の反応が少なく、一度の輸血では赤血球同士がケンカすることがないのだろう。また、鳥では血液型は関係ないし、もっと言うと違う種類の鳥からの輸血も可能だとされている。このように、輸血一つとっても、動物によってそのやり方や考え方が全然違うのだ。

診察でまずすべきこと

診察というとどんなことをするか、なんとなくイメージはあるだろうか。人間の病院と同じように、動物病院でも先ほど述べたように飼い主さんに問診をとり、そしてペットを触診したり、聴診器で心臓の音を聞いたりする。場合によっては血液検査をすることもあるし、エコーやレントゲンを撮ったりもする。

しかし、その前に飼い主さんがペットを連れて診察室に入ってきたとき、獣医師がまず初めに考えるべきことがある。それは、そのまま放っておいたら死んでしまうものなのか、そうじゃないのか、ということだ。これを判断するには、じつは経験と感覚が必要になる。人間でも顔色は重要というが、これは動物もまったく同じだ。イヌネコに限らず、ウサギでも鳥でもカメでもこの一瞥《いちべつ》した時の顔色でその動物のおかれているステージを判断しなければならない。その上で、脱水していないか目の輝きや皮膚の張りを見たり、低血圧や貧血を起こしていないか結膜や口の中の粘膜の色を見る。重篤な状態に陥ったり、近い将来死んでしまいそうな場合はそこに異常が現れている。

たとえば言葉は悪いかもしれないけれど、元気でピンピンしている高校球児が「咳《せき》が出る」と病院に来ても、一見して死にそうではないというのはわかるだろう。でも、ご高齢の方が来て、「咳が止まらない」と言ったら、「ちょっとやばいかも」と感覚的に思うはずだ。

人間の場合、大人であれば「今日は具合が悪いから、早めに寝よう」などと自制する。しかし子どもは少し熱があっても、多少のケガをしていても、目の前に楽しいことがあれば気にせず遊びまわっていたりする。それは病気というものをほとんど気にしないし、怖さも知らないからだ。

それと同じように動物もよほどの症状がない限り、飼い主さんの前では普通にふるまうので、病院に連れてこられたときにはかなり悪くなっていることも少なくない。そのような動物がいつ来るともわからないので、診察室に入った初見でその動物の状態を把握することはとても重要だ。動物を見て、「このまま放っておくと、八割方死んでしまいそうだ」とか、「半分くらいは大丈夫そうだ」と考えるには、経験と感覚が必要だ。診察ではまずそれを感じ取らなければ命に関わる可能性があるので、急いでしっかりとした検査と治療を押し進める必要があるのか、ゆっくり時間をかけて治療していけばよいかの判断をつけることが必要だ。もしこれを見誤ってしまうと、取り返しのつかないことになってしまう。

これは教科書で学べることではない。僕らのように生き物を相手にした仕事をしていると、教科書には載っていないことや、教科書と違うことがたくさん出てくる。

治療のステップを学ぶ

治療にはステップがある。言い換えると階段のようなものだ。はじめは何もない地面から始まり、階段を上がるようにして最終的に診断・治療にもっていく。そのステップというのは「こういう症状の動物が来たらまず何をして、その結果次にどんな検査をして、その結果が出たら、さらにどういうことをするか」といった手順のことだ。大学は教育の場なので、当然病気の治療は一から一〇まですべてのステップをきちんと踏むことを学ぶ。しかし現場において一番大切なことは、治すことだ。

だから獣医師になりたての頃は、院長が一と五と七のステップだけをピックアップして検査や治療をしているのを見ると、「こんなんで、本当によくなるの?」と不安になったものだ。僕から見て重篤そうな症状でも、院長は「明日まで家で様子を見てください」と帰してしまい、「入院させなくて大丈夫なの?!」と心配になったりもした。でも、そんな心配をよそに動物は結果的にちゃんとよくなって、「やっぱりこれでよかったんだ」と知るのである。

しかし、このステップの踏み方を学ぶのは経験や感性が必要であり、じつに難しい。たとえば、一歳のメスのシバイヌが何度も何度もおしっこをしたそうにしているが、少ししか出ない、と言う主訴の飼い主さんが来院したとする。詳しく聞くと、少ししか出ていないおしっこはややピンクがかっている。しかし、イヌ本人の元気や食欲はいままでとまったく変わりない。

通常、このような症例の動物が来た場合のステップはこうだ。まず、獣医師は尿検査を行い、尿にどんな異常があるかどうか見てみる必要がある。加えて、尿を貯めておく臓器である膀胱《ぼうこう》もエコー検査をしておく必要がある。その結果、尿の中に血液細胞と細菌が検出されて、エコー検査では、膀胱の壁が炎症を起こして分厚くなっていることが確認できたとする。そこで、一週間かけて尿中の細菌の培養検査をして細菌の同定をするのと同時に、その細菌に効く抗生物質の感受性試験を行う。その結果に基づいて抗生物質を選択、処方する。このシバイヌの診断と治療は教科書的に言えば、だいたいこのような感じになる。

しかしこのシバイヌ、じつは性格がとてもシャイで、高齢の飼い主さんも力で負けてしまって、まだうまく扱えない様子。尿も外の草むらでしかしないので、尿を採取するのもすごく大変。そもそも、病院に来るのもすごく嫌がり、臆病で診察台にすらおとなしく乗ってくれない。そんな状況で、実際にはどのような診断治療をすすめていくのがいいのだろう。ここが現場の獣医の腕が試されるところになる。

まず、ここで考慮するのは、このシバイヌが若いということ。若いということであれば、腫瘍や腎臓病など高齢で出やすい病気の可能性は低いと考える。また、元気や食欲が変わらずあり、頻尿（尿の頻度が多いこと）かつ血尿（ピンクがかった尿）であれば、膀胱炎の可能性がきわめて高いと判断する。教科書的に言えば尿検査やエコー検査も必要であるが、尿を採るには、暴れるイヌを押さえて膀胱にカテーテルを入れなければならないし、飼い主さんに頼むにしても再度、出直しをしてもらわないといけない。また、イヌの性格を考えるとエコー検査をするにも、診察台に乗せて何かすれば大きな声で泣き叫び、大きなストレスになるだろう。したがって今回は膀胱炎と仮診断を行い、膀胱炎によく効く抗生物質を一週間分処方して、次の週にその経過を報告してもらう。

このように、大学や教科書で学ぶ診断治療の手順と、臨床の現場で実際に飼い主さんがいるペットの診察の手順では、実際に大きく状況が異なる。教科書の手順に沿って行わなかった治療は間違っているのだろうか。僕は決してそうは思わない。やはり教科書と現場、理想と現実は異なるものであり、正しいステップはもちろん重要だが、動物と飼い主さんの状況も踏まえて、ときには階段を一つ二つとばしてより素早く治療のゴールに導くようアレンジするのも現場の獣医師の大切な役割だと考えている。

ただし、ステップをとばすにしても、科学や医療の基礎を無視して何でも経験と動物や飼い主さんの都合に合わせるという考えは、本来の医療のあり方ではない。いまさら当たり前のことだが、医療は科学を基としているのだ。科学的根拠に基づき、きちんと本来のステップを頭にたたきこんだ上で、いかに上手にステップの踏み方を学ぶかがよい獣医師と悪い獣医師の分かれ目になると、僕は思う。

「よい獣医師」であるために

「よい獣医師」であるためには、情報の整理と取捨選択も不可欠だ。たとえばイヌが下痢をしているという症状で検査をし、AとBとCの可能性が考えられたとする。おそらくAの可能性が高いが、BとCの可能性もゼロではない。この場合、飼い主さんに「AもBもCもあるんです」と言えればこちらは気が楽かもしれないが、それでは飼い主さんは混乱してよけい不安になってしまう。そこで考えられることをあるだけたくさん提示するのではなく、こちら側で排除できるものはできるだけ省いて提示することが必要だ。

あるいは、一匹の動物を検査したときに、同時にいくつかの病気が見つかったとする。何が一番問題なのか、優先順位をつけることも大切だ。先日食欲のないウサギが来院し、勤務医がレントゲン検査をしたところ、尿道に石が詰まっていて、また同時に胃が大きく膨れていた。

ウサギは胃が膨れる胃拡張という状態に陥って餌を食べられなくなることがよくある。尿道に石がつまるのは尿道結石という病気だが、飼い主さんの話では、おしっこは一応出ているということだった。

そこで勤務医の先生は、胃拡張をまず治療すると言う。でも僕がレントゲンを確認したところ、餌が食べられないのは、明らかに尿道に石が詰まって痛いからだと思われた。この場合は、尿道結石の方を優先して治療するべきだと判断した。

勤務医は、胃拡張による食欲不振を日常的に見ているので、そちらに意識がひっぱられてしまったのだろう。逆に、ウサギの尿道結石の経験があまりなかったため、センサーが働きにくかった。これはやはり経験を積んで、客観的、総合的に優先順位を考えてゆく必要がある。

ただそうは言っても、慢性疾患など臓器の老化現象で病気になっているときは、この優先順位をつけるのがときに非常に難しい。腎臓病の治療をしようとすると、その副作用で心臓が悪くなってしまうことがある。逆もしかりで、どちらが優先順位が高いと決められないことも多い。それが命を扱う仕事の難しさでもある。

また、「よい獣医師」であり続けるためには、何より知識のアップデートが欠かせない。先ほど医学的根拠から離れてはだめだと書いたけれど、医学や生物学というのは、完成された学問ではなくいつも更新されている。物理の世界の万有引力の法則であればそれ以上覆《くつがえ》ることはないだろうが、医療というのは、いままで治療の定石だったものが二年後には否定されることもざらにある。僕は大学を卒業して二〇年ほどになるのだが、この二〇年の間、過去の治療方法が完全に否定されるのをたくさん見てきた。

いま勤務医に昔の話をすると、「え?! そんな方法がスタンダードだったんですか?」と、びっくりされる。そういうとき、僕は「君がここでやっていることだって、将来、覆るかもしれないんだよ」と話す。そんなふうに医療の不完全性を理解すると、常に勉強し続けなければいけないという気になる。

知識をアップデートするためにはまず、やはり専門誌とよばれる雑誌を読む。年間購読すれば嫌でも毎月送ってくる。そしてリアルタイムに近い形でアップデートしたり、獣医同士でコミュニケーションをとって情報交換し合ったりする。

より広く情報収集するためにも、英語は必ず勉強しておいた方がいい。何も難しい勉強は必要ない。医学論文の文法は中学、高校レベルのベーシックなところをおさえておけば十分で、あとは単語を知っているかどうかの問題だ。専門用語は暗記する必要はなく、辞書で調べれば問題ない。英語の論文を読むことができれば、情報量はものすごく増える。

開業すると、基本的には一人の世界なので「お山の大将」になってしまいがちだ。意識して情報を更新していかないと、いつの間にか基本を忘れて我流になってしまう。治療は「これだけでいいや」と言っていては、それ以上先に進むことができない。

たとえて言うなら、治療というのは見た目にきれいで美味しそうなリンゴではだめで、大地に深くささった大根でなくてはいけない。どういうことかと言うと、大根というのは地上から少しだけ出ている白い食べる部分と、成長に大切な葉っぱの部分、地下に入っている根っこの部分がある。大根を土から引っ張りあげたときのように、ずるずると基本的な知識が全部くっついていることが重要なのである。

木からもいだリンゴは、シンプルですごく美味しくて、見た目も鮮やかでわかりやすいからアピールも強い。でも根っこがないので、きれいなだけのパッケージで勝負をすることになる。臨床の現場でそのような考えが強くなると、たとえば「食事の改善でガンが治る」というような科学的根拠のない極端なことを言い出すようになってしまう。

繰り返しになるが、本来であれば、治療というのは土に生える大根でなければならない。言い換えれば、これまで書いてきたような細胞の話から、解剖、生理学的な話までの知識が全部治療につながってゆくという認識が必要なのである。

動物病院を開業すること

臨床獣医師は、獣医師免許を取得して動物病院で数年間働いたあと、ほとんどの場合修業先を出ることになる。じつはこれがいま、問題になっている。日本の動物病院は個人経営のクリニックがほとんどで、人間の病院のような私営や公営の総合病院というものがまずない。大学病院に研修医として勤務はできるが期間は限定的であり、大学病院で勤務するには大学教員になるしかない。よって終身雇用できるような病院がほとんどないのが現状だ。結局自分で開業するしかないのだが、そうすると病院があちこちにできることになり、共倒れのリスクが増す。

また動物病院というのは、人間のお医者さんのように内科や産婦人科のみを扱うクリニックというわけにはいかない。開業するためには、内科も外科も皮膚科も歯科も、いろいろ揃《そろ》った総合病院並みの設備が必要となる。

加えて検査機械も日々進化し、それらを使って診断することがスタンダードになってくるので、年々買わなければならないものが増えてお金がかかる。

実際お金をかけて病院を開いても、最初はなかなか飼い主さんに来てもらえない。毎月ぎりぎりの経営だと、新しい設備も入れられないし、そうなると、よけいに飼い主さんも来てくれなくなってしまう。

何を隠そう僕も最初はもう本当に、暗くどんよりと沈む毎日だった。ようやく軌道に乗り始めるまでに一年くらいはかかった。きっかけは、近所の方々の口コミだった。「あそこは一生懸命やってくれる」とか「難しい手術も受けてくれる」とか「何でも診てくれる」という評判が広まって、飼い主さんが来てくれるようになった。

開業してあらためて思うのは、動物病院は「動物が好き」だけではやっていけないということだ。飼い主さんのニーズに応えなければならないし、ときにはチャレンジもしていかなければならない。それには、向き不向きもある。

会社などの組織の中で、与えられたことに対して成果を出すことにモチベーションを感じる人に、この仕事は難しいだろう。なぜなら、臨床の現場では自分がどんなに一生懸命治療をしても、その動物が死んでしまうことがあるからだ。そして独立したら、そういう残念に思う気持ちや投げ出したくなる気持ちを押し殺して、毎日診察室に向かわなくてはならない。

そして、自分が受けた症例はきちんと結末まで診なくてはいけない。難しい症例で他の先生にお願いすることになったとしても、飼い主さんが大切に飼っているペットの「一生の物語」を見届けなくてはいけないことに変わりはない。

治療がスムーズに行かないこともたくさんある。なかなか薬の効果が出なかったり、よくなったと思ってもまた悪化してしまったりすることだってある。でも、途中でどんなにぐじゃぐじゃになっても、うまくいかなくても、きちんと飼い主さんと動物に向き合い、形を見せていく必要がある。そんなふうに広げた風呂敷をたためないと、動物病院はやっていけない。

だから、臨床獣医師を目指したものの、数年勤めるうちに現場から離れてゆく人も実際は多い。

あまりこの仕事の大変さばかりを言っては申し訳ないのだが、もう一つ、この仕事には本当に休みがない。大学のときに「臨床は大変だよ、休みはないよ」と言われていたが、「そうは言っても少しくらい休めるだろう」と思っていた。けれども、実際に臨床医になってみると命というのは「今日は他の用事で忙しいからまた明日」というわけにいかない。まるで、ゴールのないマラソンを走っているようだ。スピードを速めたり遅くしたりすることはあっても、足を止めることはできない。

僕は体が丈夫にできているのか、風邪のウィルスに嫌われているのか、幸い体調を崩したりすることが滅多にない。それでも開業して数年間は、休診となる大みそかになると決まって熱を出して寝込んでいた。外来がなくなるので、ふと気が緩んでしまったのだろう。逆に言えば、それくらい普段はいつも気を張っていたのだろう。

動物のため？　飼い主さんのため？

この章の最初の方で「誰かのペットの病気を治すためには、飼い主さんとのコミュニケーションが不可欠だ。じつはこれがとても難しい」と書いた。ペットを治療する上で、考え方も生活環境もさまざまに異なる飼い主さんとどう向き合ってゆくかは、動物の病気を治すよりも難しいと感じることが多々ある。これは開業したあともずっと抱え続ける課題でもある。

僕らは毎日毎日、動物のことばかり考えている。それが仕事だからだけれど、ペットを飼っている人が四六時中ペットのことを考えているかというと、おそらくそうではない。みなそれぞれに仕事があり、生活がある。経済的な事情もあるだろうし、ペットに対する考え方や価値観も異なる。

だから、僕らが動物のためによかれと思うことを全部やろうとしたら、飼い主さんとぶつかってしまうことになる。たとえば、教科書的には「毎日点滴をする」という処置であっても、仕事を持っている飼い主さんに「毎日病院に来てください」と言うのは野暮なことになるだろう。このようなときは、習ったことを杓子《しやくし》定規に言うのではなく、飼い主さんと十分に話し合い、お互いの中間地点で話をしていくような臨機応変な対応が求められる。

つまり動物病院では、僕らが思う動物にとっての「ベスト」な治療と、飼い主さんの生活スタイルを擦り合わせて、動物を治したり苦しませたりしないようにするための落とし所をうまく見つけることも、仕事の一つなのだ。

それはまた、飼い主さんのニーズを考えて、それに合わせて治療するということにもつながる。僕は、自分で検査の必要がないと判断すれば、「いまはしなくていいんじゃないですか」と言う方だ。飼い主さんにお金の負担がかかるし、動物だっていろいろ検査されるのは嫌だろうと思うからだ。それでも、飼い主さんがもっと詳しく知りたいと希望すれば、やるようにしている。

以前こんなことがあった。心臓が悪いイヌが通院していたときのことだ。毎回、問診と聴診をして、それほど大きな問題はないと思えたので、そのまま薬を出していた。そうしたらあるとき、飼い主さんがすごく怒って来られた。他の病院に行ったら、エコー検査などいろいろしてくれたそうだ。それで「先生は何も検査してくれなかった」と言う。

きっと飼い主さんとしては「検査しなくていいのかな」と思いながら、モヤモヤしていたのだろう。でも、よくよくお話をうかがうと、検査の結果その病院で出された薬は、僕の病院で出していた薬と一緒だった。そして、イヌも相変わらず元気だった。僕はイヌが元気であればそれでいいと思うのだけれど、やはり、動物病院は飼い主さんのニーズに応えることも必要なのかもしれない。

ただそうは言っても、命に関わること、苦しみや痛みをともなうことについては、僕も譲れない。言葉を尽くして飼い主さんを説得する。このようなとき、生物学的・医学的な知識のギャップがコミュニケーションを難しくする。

先日、しっぽを車にひかれたというネコがやってきた。見るとしっぽの途中から先が壊死して、カチカチの枯れ枝のようになってしまっている。毛が生えているので見た目は普通そうだが、毛を刈ってみたら、やはりカチカチの部分と健康な部分の境目がジクジクと化膿《かのう》していた。どうやら感染症を起こしているようだ。触ると痛がっているし、このままにしても壊死した尻尾の組織が元に戻ることはない。切ってしまったほうがよいだろうと思われた。

飼い主さんにもそう話したのだが、なるべく切りたくないという気持ちが強いようだ。「今後どうなるんですか」と聞くので、「壊死しているので、いずれ腐って脱落してとれるかもしれない。ただ、それがいつになるかわからない。それまでネコちゃんはずっと痛い思いをすることになると思います」とお話しした。

それでも、おそらく飼い主さんの中には「できればこのまままきれいに治らないかな」という希望に近い強い思いがあったのだろう。ずいぶん切ることをためらっているご様子だった。そして僕は、「もし自分が地雷を踏んで、足がぐじゃぐじゃになって痛いままでいるのと、病院で手術をして切ってきれいに縫い合わせてすっきりするのと、どちらがいいですか」というたとえ話をして、ようやく切ることを決断していただいた。

獣医師は、傷口の組織の状態を見れば、「この組織は元には戻らない」という判断がつく。けれどもそうした知識を持たない飼い主さんは、いきなり「切った方がいい」と言われても、納得しにくいだろう。でもそこで、「切りたくない」という飼い主さんの希望を受け入れてしまうと、ネコはずっと痛い思いをすることになる。これが命に関わることだと、状況はもっと深刻だ。だから僕らは飼い主さんにもわかる言葉を探して、とにかく説明するのだ。

ただ、僕らがいくら誠意を尽くして全力で治療に臨んでも、生き物である以上、状況は常に動き続ける。その結果悪い方に動けば、飼い主さんから「病院が何かミスをしたせいではないか」「獣医さんが適当にやったんじゃないか」と、疑いの目を向けられてしまうこともある。

とくに今はネット社会で、ネットを見ればいかにも専門的風な知識が溢《あふ》れかえっている。僕らからすると、ずいぶんデタラメではないかということでもまことしやかに「真実」として伝わっている。それが飼い主さんの判断材料にもなったりする。

最近は、何でも疑ってかかる風潮が強い。僕らが性善説的に仕事をしていても、飼い主さんによっては性悪説で僕らを見る。そういうとき、飼い主さんとペットと僕ら獣医師という三者の関係性はつくづく難しいと思う。これは、獣医師になってわかった最大のことである。

現場のチャレンジ

いろいろな動物を診察していると、初めてのことに挑戦しなければならない場面にも出くわす。「そういうときどうするんですか」という質問もよくされるのだが、実際のところ、人が思うほどドラマチックでも情熱的でもない。ただひたすら、これまでの知識と経験を総動員し、情報を収集して、戦略を立ててから単々と臨むのみである。

少し前、臨月を迎えたペットのヒツジが今にも死にそうだと飼い主さんが遠方から車をとばしてやってこられた。診察時間終了間際に到着したときには、ヒツジはお腹がパンパンに膨れあがり、首がだらりと垂れ、このままでは確実に死んでしまうだろうと思われた。

お腹を開けて子どもを取り出すしかないが、ヒツジの帝王切開なんて聞いたことがない。家畜として飼われているヒツジは、わざわざ帝王切開までして助けるということがないのだ。

これがイヌやネコであれば、普通にお腹を切って子どもを取り出せばよいのだが、ヒツジはそうはいかない。何が大変かというと、まず、彼らはウシなどと同じで複数の胃を持つ。こういう動物はお腹の中に、内臓がぎゅうぎゅうに押し込まれている。お腹を開けた瞬間、内臓が飛び出て元に戻せない可能性が想定できた。

しかも、それだけぐったりしている状況で麻酔をかけたら、おそらく死んでしまうだろう。飼い主さんにもそう話したのだが、「それでもいいから、子どもだけでも助けてほしい」と言う。けれど交配時期を聞けば、「わからない」という答え。これでは子どもを取り出したとして、果たして自力で生きていける状態まで成長しているのかどうかもわからない。

加えて、そのヒツジは体重六〇キロ以上。エコー検査を行おうとしたが、超音波が届かないし、大きすぎてレントゲンのフィルムにも収まらない。つまり事前にお腹の中がどうなっているか判断が付かなかった。

その日はちょうど、獣医師会の会合を僕の病院でやることになっていた。ヒツジがかつぎこまれた頃には、獣医師仲間が三々五々病院に集まってきているところだった。みんなヒツジの状態を見て目が点になった。事情を話し、先生方には打ち合わせ用の部屋へ移動してもらったが、「ヒツジの帝王切開やるのか?! お前、がんばるな」なんて言われてしまった。

その間にも、病院のスタッフは総出で手術の準備にとりかかる。大きすぎて手術台には乗らないので、台をどかし、かわりに床にシートを引いて手術をすることにした。床で手術したのは獣医師人生で初めての経験だ。

また、手術する際は通常動物を仰向けにするのだが、それもできないので、ヒツジを横に寝かせた。傍らに、僕と勤務医二人がヤンキー座りをして、背中を丸めて手術に臨む。はたから見ればなんともこっけいな光景だが、やっている僕らは、それはもう真剣そのものだ。

内臓が飛び出してこないよう、慎重に少しずつ切ってゆく。こういう先の見えない手術では、一瞬ごとの判断が問われる。「血管があるからここは切らない方がいい」とか、「ここを切ったらあとで大変になる」とか、頭の中はぐるぐると高速でフル回転している。

言ってみれば、F1レースのようなものだ。一瞬の判断の過ちが命取りとなるから、自分の判断には責任を持たないといけない。腹を据え、気合を入れないと次の境地は見えてこない。

子宮を切ると、羊水がドワッと溢れ出て、シートの上に大きな水たまりができた。開いた穴から手を入れると、ヒツジの脚にあたった。双子である。

まず一匹目の脚を引っ張り出す。このとき、力加減が弱ければ出てこないし、強すぎたら子宮が破れてしまう。だいたいこのくらいの力なら引っ張っても大丈夫だろうという経験と感覚を頼りに、一気に引きずりだした。かなり大きい。五〇センチはあるだろうか。

しかし子どもは「メエッ」とも何とも言わず、ぐんにゃりとしている。これが通常の状態なのかどうかわからない。看護師が子どものヒツジの背中を叩いて口の中の羊水を吐きださ

ヒツジの帝王切開を床の上で行う

せると、ようやくぴくぴくと動き始めた。こうして双子はなんとか誕生した。

幸い赤ちゃんは二匹とも元気で、飼い主さんはそのまま連れて帰った。危篤状態だった親の方はしばらく入院し、その間入院室は牧場みたいになったが、一命を取り留め一週間もするとすっかり回復して、帰っていった。

翌月「日本獣医師会雑誌」という専門誌を見ていたら、ちょうどヒツジの双子は難産になると書いてあった。思わず「これじゃん！」と思った。ヒツジの双子が難産になるなんて、ペットの町医者が知るはずもない。こうしてヒツジの帝王切開は、僕の獣医人生の歴史の一つになった。

やる勇気とやめる勇気

さまざまな病気の治療をしていると、治療を続けるか、やめるかの選択を迫られることがある。だめかもしれないというときは、やめたほうが堅実かもしれない。それも一種の勇気だと思う。もし他にできる先生がいれば、その人にお願いするのも選択の一つだ。

手術のテクニックというのは、数をこなして経験を積んでいけばある程度上達する。それと同時に、自分の技術でできる範囲というものも見えてくる。簡単に言うと、一〇〇メートル走を毎日練習していれば、自分が一二秒代以上は早く走れないとことがわかってくるだろう。手術も同様で、自分の能力はこのあたりで、それ以上難しいことはできないな、というのが見えてくる。それでも一一秒で走らなければならないときは、走れる人にお願いすればいい。

けれども、やる勇気も必要だと僕は思う。少なくとも、先のヒツジの帝王切開を喜んでやってくれる先生はこの世の中にいないだろうから、あの場で僕が手術をしなければ、ヒツジは死んでしまっただろう。そんなとき、自分が最後の砦《とりで》となって引き受けようと思えば、やる勇気も湧いてくる。

この章の冒頭で、イグアナの手術をして助からないことがわかったという話を書いた。逆に思い切って手術をしたことで、助かる命もたくさんある。以前、ヘビの腹部が膨れてウンチも出ないし、ご飯も食べないということで、飼い主さんが連れてきたことがある。膨れている部位を見ると、大腸ガンの可能性が高かった。

大腸ガンの手術は、腸を切って縫わなければいけない。腸というのは神経がこまかく走っていて、非常に複雑な臓器だ。だから、ちょっと詰まっただけで死んでしまう。それを切るというのはリスクがかなり高い。かりにうまくいったとしても、経験上、ヘビの大腸ガンは八割方死んでしまう。

しかし、そのヘビのお腹の膨れが本当に大腸ガンかどうか、レントゲン、エコー検査などを駆使したが、いかんせんイヌネコ用の診断器具では、体重が二〇〇グラムのヘビのお腹の中までは正確に映し出してくれない。よって事前の検査では、問題を特定することができなかった。ただ、どうであってもいずれにしても死んでしまうリスクの高い手術ということだけはわかった。

それでも、飼い主さんは「ずっと飼っているし、このまま見殺しにするくらいなら、やれることをやってもらいたい」とおっしゃる。その強い気持ちを受けて手術をしたところ、幸いにも大腸ではなく腎臓の腫瘍だった。手術は成功した。もし飼い主さんが死亡するリスクばかりを考えて手術をしないという判断をしていたら、助けることはできなかった。こんなふうに、飼い主さんの「やる勇気」に助けられることもある。

また、「やる勇気」を出して手術をしたものの、途中であまりの困難さに心が折れそうになることもある。ブタの大腿骨《だいたいこつ》の骨折手術をしたときのことだ。ブタの骨折なんて何が大変なんだろうと思うかもしれないが、そもそも産業動物として飼われているブタは、骨折をすれば通常は安楽死となってしまうので、わざわざ手術をしない。したがって、前例もないといってもいい位だ。

僕の病院ではペットのブタを診ることはあるけれど、骨折の手術経験がない。しかも大腿部というのはすごく筋肉が多いので、イヌでさえも手術は大変なのだ。骨をつなぎあわせるためのピンやプレートを入れるには、ある程度骨の見える視野を確保しないといけないのだが、筋肉が厚くて骨まで到達するまでの距離が深くなると、どうしても見える範囲は狭くなる。その小さな視野の中で作業をしなければいけない。

筋肉を分けて骨にアプローチをしている段階では、スタッフの間にも「絶対無理でしょう！」というムードが漂っていた。僕自身も「こんな奥深いところで、どうやってピンを入れるの？」と、心が折れそうだった。けれど「絶対無理！」というような状況でも、あきらめず、根気よくやってゆくと、先が見えてくるものだ。このケースは二時間ほどかかったが、何とかうまくつなげることができた。これもやる勇気の結果だと思う。

余談になるが、こう言ってはなんだが、実際の骨折の手術は経験やテクニックのほかに、センスによるところも大きい。基本的に骨折の手術の作業は大工仕事にかなり近く、骨に穴を開けて板を充《あ》て、ネジをドライバーで打ってつなげるという工程ができるかどうかが問われる。器用であるにこしたことはないけれど、むしろ、感覚的な要素も大きい。折れた骨というのは筋肉に押されて重なってしまっていることが多い。重なりを元の位置に引き戻すとき、どことどこに力を入れたら簡単に戻るかとか、引っ張って戻したあとその配置を維持する際に、どこにどう道具を挟んだら効率的かということについて、まったく同じ骨折はないのでマニュアルは存在しない。やはり、そこはセンスが問われるところである。絵を書くのと同じで、はじめから教わらなくても上手な人もいれば、いくら練習してもそれ以上うまくならない人がいるのと同じだ。

また、手術の糸の縫い目がきれいな先生の方がうまいのかと聞かれることがあるのだが、縫い目がきれいな先生とそうでない先生がいるのは、字がきれいな人とそうでない人がいるのと同じだ。皮膚の縫合は、人によって価値観が違うので、「ちゃんと縫えていればいい」という先生と、「きれいに見せたい」という先生がいる。僕はきれいに縫う方だと自分で思うけれど、先生によっては抜糸してしまえば関係ないという考えの人もいて、どちらが「正解」というものはない。

★コラム　骨のあれこれ

ペットはいろいろな理由で骨折をして病院にやってくるが、骨折の治療をしていて感じることは、骨の硬さは動物によってずいぶん違うということだ。当たり前であるが、基本的に大きな動物ほど、骨が太くてしっかりしている。獣医泣かせはウサギの骨折だ。ウサギの骨はイヌネコと比べるととても硬く、硬いがゆえに骨を摑《つか》む鉗子《かんし》で挟むと挟んだところからパリパリッと割れてしまう。硬いのに何で割れるかというと、イメージからすると硬いが脆《もろ》いガラスのような感じ。イヌネコの骨も硬いには硬いが、イメージからすると硬い木のような感じがする。だから、手術のときもネジを打ち込むときは、木にネジを木に打ち込むような感じで、ネジもしっかりと止まる。同じことをウサギでやったとしたら、簡単にパリッと割れてしまうだろう。

また、いくつか経験してわかったことは、ウサギは股関節を脱臼していてもしばらくするとまったく問題がないように歩くことができる。イヌでは股関節を脱臼すると痛くて歩けなくなるので、元に戻すか、戻せない場合は手術しなければならない。最初に知ったときには、僕も「なんでだ⁉」と思った。理由はよくわからないのだけれど、おそらく直立して歩くイヌと違って、ウサギの後ろ足はM字型になっているので、あまり股関節の部分に体重の負荷がかからないからではないだろうか。

骨といえば、動物は事故などで複雑骨折をしてしまって元に戻せなかったり、足にガンができたりして回復が見込めないとき、断脚といって足を切ってしまうこともある。四本脚の動物は三本脚になっても、完全とは言わないまでも比較的普通に生活できるからだ。

この断脚、「肢《あし》を切るのは大変じゃないですか?」と言われるのだが、肢の構造を知っている人が切ればさほど難しいことはない。むしろ、バラバラに砕けた骨を治すほうがはるかに大変だ。僕らは大学の解剖学で「肢は体内のこの筋肉と靭帯《じんたい》でつながっている」ということをしっかり勉強するので、それを利用してつながっている部分をピンポイントで切って行くと、骨を切らずしても肢を体から簡単に外すことができるのだ。

道具を開発する

いろいろな動物を手術していると、「この道具、使いにくいな」と思うことがある。獣医療用の道具は、もともと人間医療用の流用だ。動物用というのはとても少ない。だから人間より小さい動物に使う場合、何かと不自由をする。また、手術の道具も基本的に人間用で、ドイツ製がいいと言われている。でも海外で作られた手術器具の多くは、大きな外国人の手に合うように作られているので、小柄な日本人には持ちにくいことがある。こういうとき多

ウサギの骨折は
獣医泣かせ
硬いのに脆い
ガラスのような骨

くの先生は、その器具をうまく使えないのは自分の手術の腕が悪いのだと考えて、なんとか使いこなそうと頑張ってしまう。

僕は不器用だけれど、「自分が下手だから」とはあまり考えない。「これがもう少し小さかったら」「ここがもう少し曲がっていたら使いやすいのにな」と思う。そういったアイディアをためておいて、医療機械の業者の人と相談してより使いやすいものを開発してもらうことがある。業者の人も、ある程度売れることが見込めれば商品化してくれる。

この間は、透明のドレープを作った。ドレープというのは、医療ドラマとかで見たことがあるかもしれないが、手術のときに、手術する以外の部分を隠す緑や青色をした布だ。

その布をかぶせることで、一つ困ったことが起きていた。それは、小さな動物ではドレープをかけてしまうと、麻酔中、呼吸をしているかどうかわからなくなってしまうことだ。人間やイヌやネコの場合、手術中は気管にチューブを入れて麻酔や呼吸を管理する。気管チューブを入れると呼吸管理は機械がやってくれるので、呼吸モニター機械の出す音を頼りに手術をする部分に集中すればいい。でも小動物は小さすぎて気管チューブを入れられないので、機械で呼吸を管理できない。そのため、自発呼吸と言って、自らの呼吸に頼らなければならなくなる。

これまでは、僕が手術をしている隣で、看護師が動物の呼吸の動きでドレープがかすかに上下するのをじっと凝視したり、ドレープを少しめくって直接胸の動きを確認していた。

気管チューブが入っていない動物で麻酔中に呼吸が止まるということは、即、命に関わる。小動物の手術のときは、いつもにも増して緊迫したムードが手術室に充満する。呼吸が止まったように見えると、看護師から「ちょっと待ってください」と声がかかる。そしてドレープをめくり、動いているのが確認できると、「あ、大丈夫です！」いつもそんな感じだった。

そこで、ドレープをかぶせていても中が見えるように「ドレープを透明にしたらいいんじゃない？」という話になり、業者の人にお願いした。手術道具は、高圧蒸気滅菌といって一二一℃の蒸気に四〇分くらいさらすので、普通のビニール等では溶けてしまう。また、先の尖《とが》った鉗子（刃のない鋏《はさみ》のような形をした金属製の手術器具）で挟んだり、繰り返し使うので洗濯機で洗える丈夫さも必要だ。その条件を満たす特殊なシリコンで透明のドレープを作ってもらった。

手前味噌だが、これがなかなかいい。ドレープを通じて動物の胸が動いているのが見えて安心して手術ができるようになった。

違和感を大切にする

道具のことに限らず、手術でも診察でも「ちょっとした違和感」があったとき、僕はその気持ちを大事にするようにしている。手術で「こういう角度でやっていて、どうもやりにくい」というとき、「やりにくい」と思いながら続けるのではなく、少し角度を変えて見てみたり、道具の持ち方を変えてみたりしてやりやすい方法はないかと工夫する。

当たり前と言えば当たり前なのだが、自分のやり方や既存のものに慣れてしまうと、「やりにくいな」と思っても、その状況をなかなか変えることができない。これは、子どもが体を斜めにしたまま字を書いて、「うまく書けない」と言うのに似ている。体を少し起こしてみれば、ずっと書きやすくなる。でも斜めに書く習慣がついてしまっていると、そのことに気づけない。だから、うまくいかないことに違和感を覚えて、自分を変えてゆくというような気持ちが大事だと思う。

なぜそう思うようになったか考えてみると、僕は小さいときから動物をたくさん飼っていた。動物を飼うという趣味の世界は、学校の勉強とは全然違う。教育の過程にいるとたくさん覚えるべきことがあり、それらをちゃんと学んでいけば、一つの答えに行きつく。でも、飼育書もないような珍しい動物を飼う方法は誰もその答えを知らない。だから自分の頭でいろいろ考えなければならない。中でも、大好きでいろいろなカエルを飼っていたとき、それらのカエルをどうしたら生かせるのか、さまざまな方法を考案した。

たとえば、フクラガエルというアフリカの小さなカエルがいる。カエルと言えば湿らせて飼うのが常識なので、普通のカエルを飼うように湿らせたミズゴケで飼っていたら、一週間ほどで死んでしまった。なんで死んでしまったのだろうといろいろ調べてみると、フクラガエルはアフリカの乾燥したところに棲《す》んでいるということがわかった。そこでホームセンターに行き、アフリカにありそうな土を選んで買ってきて、その土を湿らせずに乾燥したままの状態にしてカエルを入れた。するとそのカエルはずっと生き続けた。初めて日本に輸入されたときはそんな情報はなかったのだ。

それは日本で初めて、フクラガエルの長期飼育に成功した例だと思う。その頃僕は大学四年生で、爬虫類《はちゅうるい》専門誌に飼育方法の記事を書いた。その後、このカエルは乾燥したパサパサの土で飼うことが「常識」となった。

多くの人は、既存のものの方がすばらしくて、自分の考えは劣っていると考えるかもしれない。でも、本当はそんなことはない。子どもが抱く疑問にも、じつはものすごいことを含んでいるときがある。たとえば、ダンゴムシはあるウイルスに感染すると紫色になることが知られているが、そのダンゴムシは健康な色のダンゴムシと比較して行動がおかしいことを、中学生が発見したこともあった。

大人になると、子どもの頃の発想や素朴な気持ちを忘れがちで、つい「常識」にとらわれてしまう。でもそういう素朴な気持ちを忘れない方がいい。そこにたくさんの発見があると、僕は思う。

臨床の現場でも、違和感を覚えることがある。この違和感は何だろうと調べてゆくと、新しいことが見つかったりする。カエルツボカビを日本で初めて見つけたときも、そうだった。最初、飼い主さんが飼っているカエルが脱皮を繰り返して死んでいくということがあった。最初、原因がまるでわからなかった。海外の文献をあたってみると、どうもツボカビ症というカビで引き起こされる病気ではないかと疑った。しかし、それまで日本ではカエルツボカビは見つかっていなかったので、その可能性は低いかもしれないと思った。しかし、大学の病理学の先生に依頼して調べたところ、カエルツボカビが検出され、それは日本だけではなくアジアで初めての報告となった。その後、僕はツボカビ症の治療法を開発し、英語の論文にした。いまでは世界中の獣医さんがその方法を使ってくれている。

開業している獣医さんで、日常的に論文を投稿している人はそれほど多くないかもしれない。でも僕は自分で感じた違和感を追究したくて、自ら研究を続けるようにしている。最近はトカゲの皮膚病についての論文を書いた。これも最初は小さな違和感だった。あまり見かけない奇妙な皮膚病がトカゲの集団で流行した。「なんだよこれ」と思い、海外の論文を調べてみたら、ウイルス感染が疑われた。カエルツボカビを同定してくれた病理学の先生に相談したら、その先生でさえ「ウイルスで、こんな病変は出ないでしょう」と言う。でも、いちおう調べて見てもらえませんかとお願いしたところ、新しいウイルスが検出されたのだ。同時にある細菌も見つかった。つまりウイルスと細菌の混合感染で、それは初の報告となった。今後こういう皮膚病変が出たときは、両方を調べるべきだろうと論文で結論付けた。

こういう「新しい発見」は、論文を書いて投稿し、その知見が科学の世界で吟味され、それらの仮説が生き残るとやがて教科書に引用されるようになる。科学の世界というのはそういう構図になっている。

だから、習ってきたことと違うことや、習ってきたことがうまくいかないというところに「何だろう?」と思う気持ちは大切だ。いまは情報化社会で、インターネットを見れば何でも答えがあるように思う。でも現場の本当の最先端のことは、ネットには絶対に出ていない。ときには自分で「答え」を見つけていかなければならないこともある。

生物学をやりたいとか、生き物を扱う仕事をやりたいという人は、「生き物はまだまだわからないことだらけ」ということを知っておいたほうがいい。逆に言えば、生き物と向き合う仕事というのは、そんなふうに新しいものを見つけられる喜びの多い仕事でもあるのだ。

第四章　命と向き合う

獣医師になるために命を殺す

この本の冒頭で、僕の本を読んでくれた子どもたちから手紙が届くということを書いた。いろいろな質問を頂戴《ちょうだい》するのだが、その中でよく聞かれるのは「獣医さんになるために大学の動物実験で動物を殺すのは平気なのか」というものだ。あるいは「動物実験はかわいそうなので、しないですむ方法はないか」などと聞かれたりする。

月並みだけれど、僕らは動物実験を通じて獣医学という知識を身につけ、そしてそれを仕事にしている。逆に言えば、獣医学部で動物実験を行う授業を経なければ、プロにはなれない。それに替わるものがあればいいのだけれど、残念ながら現在のところ替わりはない。

二章でも書いたが、体はさまざまな臓器や組織が組み合わさって、一つのシステムができている。だからいくら胃だけや心臓だけを見ても、全体を見て知らなければ動物の体のことを身をもって知ることはできない。そのためにはどうしても動物を解剖したり、動物を使って実験したりする必要がある。

ただ、実際に獣医学部で動物を実験のために直接殺す授業というのはそう多くはない。僕が大学生のとき、実験に使う動物の種類もほとんどはマウスだった。大学二年のときに、イヌの解剖実習があったことはすでに書いた。このときは僕が直接イヌを殺したわけではなく、解剖学研究室の学生があらかじめイヌを薬で寝かせて殺し、解剖用にセッティングしてくれていた。

大学三年のときにはマウスの解剖があり、このときは自分たちでネズミを安楽死させた。方法は頸椎脱臼《けいついだっきゅう》というもので、ネズミの首の後ろと尻尾を持って一気に引っ張ると、頸椎が脱臼して脊椎が伸び、瞬間的に脱力して死ぬ。一見残酷なように見えるが、急速に意識消失を引き起こす安楽死として優れた方法とされる。また薬理学の授業では、マウスに薬を投与して、どのような変化が現れるかを観察した。

解剖や動物実験をしていて、「かわいそう」と思わないと言えば嘘になる。とくに最初のころは誰でも「かわいそうだな」と思っている。でも、獣医学部は覚悟を決めて入学してきた学生ばかりだから、そういう感情を表に出さないような空気も漂っていた。

中には、そういったことを含めて大学を辞めていく学生もいた。とくに解剖実習が始まる二年生ぐらいになると、耐えられないと言って辞めていく学生がわずかにいた。けれど、いいか悪いかは別にして、徐々に「仕方ない」と思うようになるし、そうでなければ先に進めない。

病理実習では、廃用のウシやブタ、ニワトリを安楽死させて病理解剖するという授業もあった。廃用というのは、家畜が病気などで商品として使えなくなった状態のことを言う。それら廃用の家畜を酪農家の方から譲ってもらい、解剖をし、内臓や脳を見たりしてどのような病変があるのか観察するのである。

これは、事前に実験計画を立て、マウスなどを使って行う動物実験とはだいぶ異なる。病理解剖では、ある意味動物実験以上に命を直接見ることになる。なにしろ四〇〇キロほどもある具合の悪いウシを連れてきて、麻酔薬で寝かせ、首の血管を切って血を出し、全身をくまなく解剖してゆくのだ。

ウシの解剖はよく切れる刃渡り二〇〜三〇センチほどの刃物で解体してゆく。これは板前の出刃包丁みたいに、長年使っているとすり減って小さくなってゆく。

何百キロという重い動物を解体して動かしたり、鋭い刃物を使ったりするために大動物の病理解剖の授業はとても危険を伴う。指導する教授もすごく殺気立っている。それに、病理解剖にはきちっとした手順があって、うまくやらないとせっかくの材料が血液で汚染されたり、胃腸の内容物がこぼれて周辺の組織が汚染したりする。汚染されると病変の評価がきちんとできなくなるので、命が無駄になってしまう。こういうレベルで病理解剖を行うので、本当に真剣勝負で作業をこなしていく。そのため、「かわいそう」どころではなくなってくるのだ。

命は平等ではない

ところで、実験で使う動物がどこから来るか知っているだろうか。それらは、実験動物専門の業者から購入する。なぜかというと、実験に使う動物はきちんとコントロールされた生き物でなければならない。実験結果には再現性がなくてはならないからだ。

再現性というのは、再度同じ条件でその実験を行ったら同じ結果が出ることを言う。科学の世界では、再現性のないデータは科学的データとは言わない。それゆえ、実験動物も同じ条件である必要があり、そのために生まれたときからある一定の条件で育てたり、ある系統のマウスやラットなどを、業者から購入して実験を行うのである。

こうした業者では、さまざまな系統の実験動物を作って販売しているのだが、マウスでは疾患モデルマウスといって、ある特定の病気を持ったマウスがいる。たとえば糖尿病のマウス、心臓病のマウス、腎臓病のマウスといった具合だ。また、ある特定の遺伝子情報を欠損させたノックアウトマウスなど、いろいろな種類が揃《そろ》っている。

このように書くと非常に残酷に思えるかもしれないが、一方で、以前から世界的な流れとして、動物実験を常に改善していこうという動きがある。実験動物には世界共通の「3Rの原則」というものがあり、Replacement（代替法の活用）、Reduction（使用動物数の削減）、Refinement（苦痛の軽減）が提唱されている。つまり、交換できるものは交換し、交換できなければ数を減らし、さらに苦痛を少なくするということだ。

ただ、それでも現実問題として、今後人類が動物実験をゼロにするというのはおそらく不可能だろうと思う。なぜなら、動物実験は人類が繁栄するために、どうしても必要なものだからだ。

大きな話をすれば、人間を含め、地球上のどんな生物もこれまでずっと自分たちの種を繁栄させることで命をつないできた。生物の究極の目標は継続的な子孫繁栄に他ならない。実験動物をなくすというのは、人類が繁栄することを放棄するに等しい。極端なことを言えば、人間が子どもを産んではいけないとか、快適な暮らしをしてはいけない、食料の確保をしてはいけない、と同じようなことかもしれない。そう考えると、動物実験がなくなることは今後もないのではないだろうか。

そして実験されるために作られてきたマウスが、実験が終わり死んでいくのも、人間の食糧のために生まれてきたウシやブタなどの産業動物が病気になってしまって人間の役に立てなくなったとき「あなたは死になさい」と宣言されるのも、ある意味その動物の「職業」を全うしているとも言える。

僕らはそれをありがたくいただいて勉強させてもらうということだから、最終的には彼らに対して「かわいそう」ということではなく、「ちゃんと勉強させてもらいます」という感謝の気持ちに変わる。

結論を言うと、命は平等であると思いたいのだが、人類の活動の前で命は決して平等ではない。実験動物のネズミと、ペットとして飼うネズミの命は平等ではないのだ。「命」と一言で言うとわかりにくくなるけれど、生命体としての「命」と、人間が管理する動物の「命」は、分けて考えなければいけないと僕は思う。

命を食べるということ

獣医学部には、と畜場の見学というものもあった。これは大学四年のころだったと思う。

と畜場をなぜ見学するのか、最初はびっくりしたのだが、と畜場というのは獣医師の大きな就職口の一つなのだ。ここでは、獣医師は運び込まれたウシやブタを検査し、家畜が病原体に汚染されていないか、腫瘍がないか、奇形がないかなどを調べ、安全な食肉の提供を行っている。

現場を見たときはやはり衝撃的だった。ブタは電気ショックで気絶されられていた。トラックで運ばれてきた何十匹ものブタは、最初は広い空間に入れられる。その先がだんだん狭くなっていて、最後には一列になる。彼らはビービーと鳴きながらその列を進み、ゴールでは電気ショックで気を失う。ウシの場合は、銃のようなもので眉間を打ち、脳震盪《のうしんとう》を起こさせる。その後、ブタもウシも放血される。この血抜きがうまくいかないと美味《おい》しい肉にはならない。

いずれにしても、命が続いていくためには、他の命を取らなければいけない。これは太古の昔から変わらず、どんなに文明や科学が進んでも一切変えることができない事実だ。アマゾンやニューギニアに行けば、いまでも原住民たちがブタを飼い、それを屠《ほふ》って食べるのは知っているだろう。日本でも正月に飼っているブタを絞めて、それを食べる風習のある地域もあっただろう。

現在日本では「と畜場法」という法律があり、勝手にと殺して食べてはいけないことになっている。それは食中毒の防止など人間の健康を守るためだけれど、同時に僕らは日常生活の中で、自分たちが食べるために動物の命を奪うという事実から、すっかり切り離されてしまった。僕自身、恥ずかしい話、大学に入るまでスーパーで売られている肉がどんなふうに「肉」になっているか考えてこなかった。考えるのを避けてきたのではなく、気がつかなかった。

だからと言って、自らの手で家畜を殺して食べなくては命の大切さを知ることはできない、などと言いたいのではない。もちろんいまの僕にもそんなことはできない。ただ、いつも食べているお肉には、そういう現実が見えないところで行われている、ということは知っておくべきだと思うのはおせっかいだろうか。

ところで、焼肉を食べに行ったとき、高価な和牛の霜降り肉がどのようにして作られているか考えたことがある人はまずいないだろう。この霜降り肉、専門用語で言うと「脂肪交雑」と言う。いわゆる赤身と呼ばれる筋肉組織のすきまにサシと呼ばれる脂肪組織が入り込んでいるお肉のことだ。

じつは解剖学的に言うと、このサシは一種の「異常」だ。通常、健康体であれば筋肉は筋

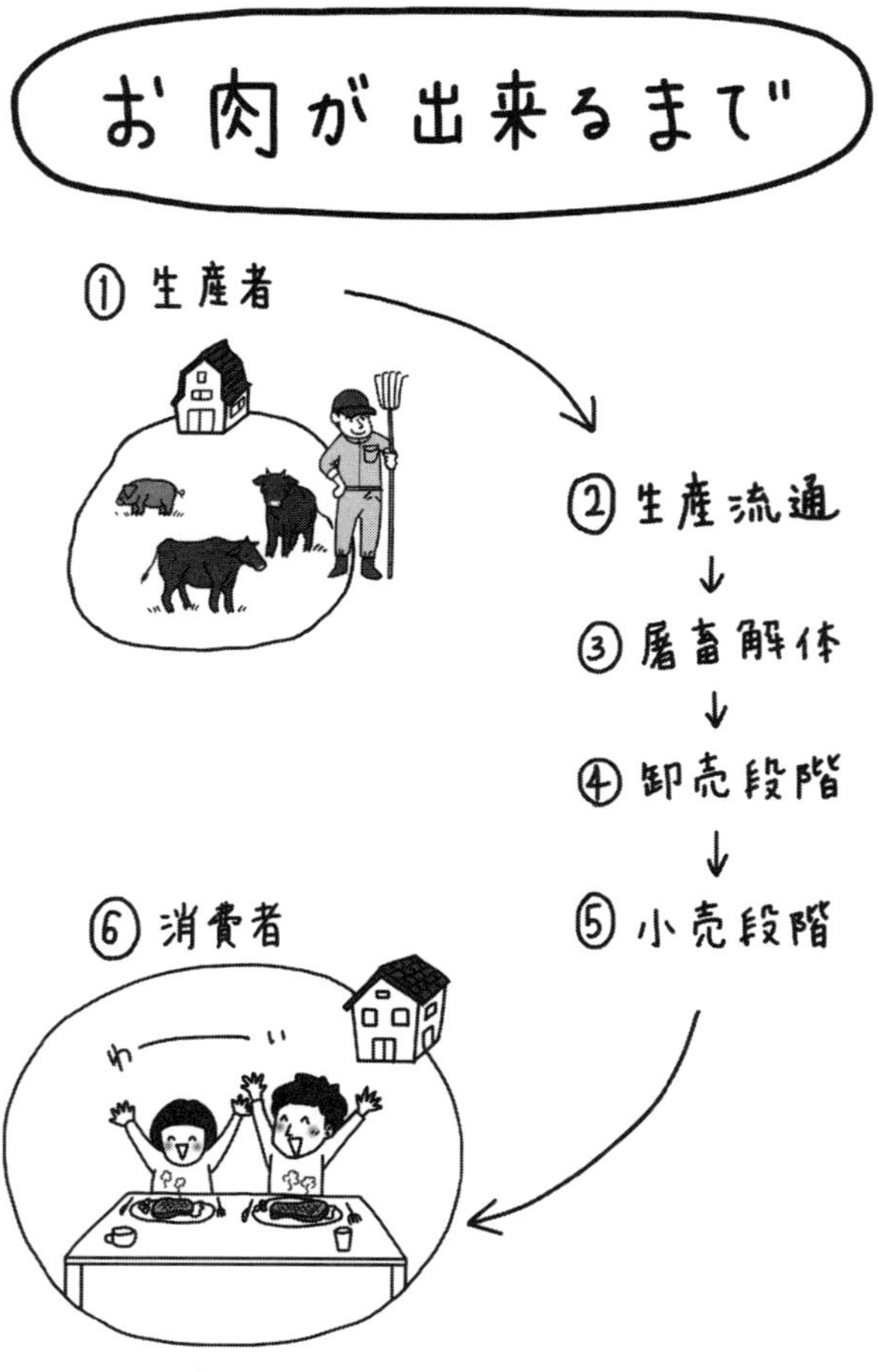
お肉が出来るまで
①生産者
②生産流通
③屠畜解体
④卸売段階
⑤小売段階
⑥消費者
わーーい

肉、脂肪は脂肪と部分によって分かれていて、筋肉の中に大理石の模様のように脂肪が入ることはありえない。

では、どうやって筋肉にうま味である脂肪のサシを入れるのだろうか。基本的には和牛の血統もそうだが、育て方も大きく依存している。牛が肥育期と呼ばれる体重増加をもたらす時期に、食餌や運動を管理する。とくにビタミンAをコントロールした飼料を与えたりすると、筋肉の中に脂肪が入り込んで、赤と白のマーブル模様になりやすくなる。言ってみれば、ガチョウやアヒルに高栄養のものを食べさせて脂肪肝にしたものをフォアグラとして珍重するのと近いかもしれない。

あまりに過剰にビタミンAを制限されたウシは、食欲が低下したり、夜盲症という目が見えなくなる病気にかかることが稀だがあるらしい。そういった病気にならないように、かつきれいに脂肪のサシを入れるというさじ加減は畜産家の技術によるものだそうだ。そう考えると、松坂牛のように非常に美味しく美しいブランド和牛は、畜産家が技術と経験を尽くして作り上げた芸術品とも言える。

結局、家畜のウシやブタは、人間が美味しく食べるために作られ、ある時期が来たら殺されて食糧となることで「職業」を全うする。それを「本望だ」とウシやブタが思うかはわからない。でも、それが彼らの命なのだ。

すべては人間のために

人間は動物を実験や食糧などに利用する一方で、近年、野生動物の保護がクローズアップされるようにもなった。保護活動に携わる獣医がメディアで取り上げられたりするし、獣医学科でも野生動物の保護について触れるようになった。僕も子どもの頃、動物保護の仕事がしたいと思ったことがあったと前にも書いた。

ただ改めて考えると、動物保護というのは「贅沢《ぜいたく》」な思想だと思う。保護活動は財団など、お金を持っているところが資金を提供することで成り立っていることが多いと聞く。そもそも野生動物保護というのは、先進国の一定以上の裕福な人たちしか提唱しない。食べ物を供給するのがやっとの国では、やはり動物は保護するより、現地の人の食糧や生活の糧《かて》になる。

日本は物質的には裕福かもしれないが、欧米のように動物愛護や自然保護の精神が累々と続いてきた国や地域に比べると、動物保護の方面は遅れている。もともと国土の面積が小さく資源が乏しいため、それほど余裕があったわけではない。クジラ漁にしても、いまでこそ「伝統」と言っているけれど、かつてはそれを産業としなければ、食べていけない時代もあったわけだ。

いまでも、増えすぎたイノシシやシカが畑を荒らせば、駆除しなければならない。彼らにしてみれば、葉っぱを食べていないと生きていけないのに、人間が山を削ってしまったから山を下りてきただけだ。でも、人間や人間の経済活動に危害を加える動物はすべて駆除される。それは害虫でも、海水浴場に現れるサメでも同じだ。

逆に、欧米人からすれば、クジラのように人間には危害を与えず、国境なく大海を生きている動物は、「殺しちゃいけない」などということになる。もしクジラが人間を襲うようになったら、「保護しろ！」と言っていた人たちが「駆除しろ！」と言いだすかもしれない。こう言っては元も子もないが、すべては結局人間の都合なのである。

他にも、オーストラリアは原産種の動物の輸出を厳しく禁じて保護に力を入れているが、裏を返せばこれは、他の国でオーストラリア固有の動物を見にくくすることで、海外の観光客が直接オーストラリアに足を運ぶようになって観光産業が生じ、外貨を獲得できるという側面がある。つまり、コアラを国外に出さないことは、同時に人間の経済活動につながるのである。

最近考えるのは、人間という生き物は地球における病原体のようなものではないか、ということだ。僕ら人類は、クレオパトラの時代から現在のiPS細胞の発見にいたるまで、いつの時代も不老や不病を求めている。また、近代化に伴い生態系を無視した形で勝手にどんどん増殖し、地球環境を破壊してゆく。言ってみれば、地球にとってみると、人間はガン細胞みたいな存在なのかもしれない。

そんな人間に利用される動物たちは「かわいそう」なんだろうか。僕にはよくわからない。ただ、僕が町の小さな病院で働いて感じていることは、人間にペットとして飼われながら粗雑に扱われたり、助けられる病気を助けてもらえなかったりする動物こそが、「かわいそう」と感じてしまう。

「動物を救う」は獣医師の真理になりえない

この仕事をしていると、ペットの動物がきちんと飼ってもらえないことの方が、動物実験よりもずっとストレスフルだ。一番辛いのは、いろいろ考えて動物にとってベストだと思う提案をしても、飼い主さんの同意が得られないことである。

たとえば、皮膚病のイヌが来て薬を出そうとすると、飼い主さんは「薬は飲ませたくない」と言う。こういう方は「薬＝悪いもの」と思われていて、「副作用が怖い」とおっしゃるのだけれど、そもそも副作用を加味したうえで、専門家としてかゆい症状をおさえるために薬を出すわけであって、イヌとしてはかゆいままでいる方が嫌だろう。

飼い主さんはきっと、「こういう食べ物を与えて、こんなふうに生活を改善したら皮膚もよくなりますよ」と言ってもらえることを期待しているのだと思う。だから「こういうお薬を使って治療をしましょう」とアドバイスをしても「自然がいい」と言われる。でも、本来自然の摂理では動物は病気になり、自分の免疫で治せないものであればやがて弱って死んでいく。

野生動物ではないペットたちは、人間の欲によって人間の元で管理されている。そして、病気の原因が人間によって引き起こされていることも多い。そのペットが病気になって「自然に治したい」という人は、いっそ、ペットを飼わない方がいいのではないか、と思うことさえある。ペットは人間なくして生きてはいけない。やはり人間の責任で治療していくべきだと思う。ペットが病気になったらいきなり、「自然に」というのは違う気がしてならないが、いかがだろう。

たとえば、高齢のイヌで腫瘍があり、手術をすれば明らかに良くなるし根治も狙えるかもしれないというとき、「痛い思いをさせるのはかわいそう」という飼い主さんがいる。

イヌが年をとっているからというのもあるのだが、「痛い思いをさせるくらいなら、このまま死んでもかまわない」と言う。でも、いまどきの手術は痛くない。手術中は麻酔をしているし、術後はちゃんと痛み止めを投与する。腫瘍を抱えたまま生きている方が痛いだろうけど、そこは手術に対するイメージなのだろう。

こういうとき、僕は思う。人間の医者であれば「命を救う」という一つの真理が確固としてある。患者やその家族にどんな考え方があったとしても、「命を助ける」という言葉以上の目的はないはずだ。実験動物であっても、「人類に役立てる」という真理がやはりある。でもペットの治療では、必ずしも「動物の命を救う」ことが真理になりえない。だから僕ら獣医師は、飼い主のいる命を前にいつもぐらぐらと揺さぶられる。

診療は見つけること

先日、「ネコの口が臭いし、なんだか食欲もないようだ」と飼い主さんがネコを連れてきた。口の中を見ると歯周病がひどく、歯もボロボロになっていた。麻酔をかけて歯をきれいにクリーニングすれば元気になるのではないかとお話し、麻酔をかける前に事前の血液検査をした。すると、腎臓の数値が検査機械の検出限界を振り切っていた。腎不全の末期である。

数値だけ見れば生きているのも不思議なくらいの数値であり、まもなく死んでしまうだろう、というほど悪かった。腎不全が進むと、毒素が体に回って口臭もひどくなる。口が臭いのはそのためだったのだ。

人間であれば、そこまでひどくなる前に何かしらの自覚症状が出て病院に行くだろう。また自分で「もう本当にしんどいんです」と訴えることもできる。しかし動物は何も言わないし、見た目はそれほど重篤そうでなかったりするため、発見が遅れて手遅れになることも多い。

診療というのはつくづく、治すと同時に病気を見つけることだと思う。人間でも、たとえば自覚症状のない早期のガンを見つけるのは簡単なことではないようだ。

テレビの特集でガンの早期発見の番組をやっていた。それによると、いわゆる一般的な健康診断では小さなガンはまず見つけられないと言っていた。人間ドックでもほとんど見つけられないそうだ。自覚症状のないガンを事前に見つけるには、ガン細胞だけに目印をつけて撮影するPET-CTを年に一回やるなど、人間ドック以上の検査をしないとなかなか厳しいのが現実だそうだ。

僕の動物病院でも健康診断は行っており、実際にイヌやネコでは、年に一度定期的に健診を行っている人が多い。しかし、一般的な動物病院の健康診断で行う検査は、だいたい血液検査、レントゲン検査、超音波検査の三つである。これはつまり、人間ドックで行う検査とだいたい同じレベルだということだ。人でも人間ドックでのガンの早期発見は難しいくらいなので、物を言わない動物はさらに早期発見は難しいのかもしれない。

少し前に、なんとなく具合が悪いというプレーリードッグが通院していた。血液検査をしたりレントゲンを撮ったり、全身をくまなくエコー検査しても、とくに問題は見つからなかった。とくに問題が見つからなかったので、飼い主さんも安心して、少し様子を見ていた。その後も食欲がない状態が続き、定期的に診せてもらっていたが、それでもとくに異常は検出されなかった。しかしあるとき、触診をしたらお腹に何か塊が触れた。肝臓ガンだった。これが原因でずっと元気がなかったのだ。

これでも比較的早く見つかった方で幸い手術で摘出できたが、それでもガンは親指の頭くらいの大きさになっていた(プレーリードッグは一キロ位なので、親指の頭でもけっこう大きい)。これだけ気をつけて検査をしていても、見つからないときは見つからないものなのである。

原因がはっきりせず、「なんとなく具合が悪い」場合、選択肢の一つとして、大学病院などのより専門的な機関に検査をお願いするということもある。でも、飼い主さんが「大学病院まではいいです、先生のできる範囲でやってください」と言う場合は、必然的に症状に対しての治療、すなわち対症療法にならざるをえないことが多い。つまり痛みがあるのであれば痛み止め、下痢なら下痢止めの処置をする。

原因がなかなか特定できない病気で、やっとのことで原因を見つけて、それに対応する治療法も見つかればそれにこしたことはないのだが、結局治せないこともある。

また、長年診療をやっていると、とくにたくさんの検査をしなくても感覚的に「これはきっと検査をしても、原因は見つからないだろうな、治療方法はないだろうな」というのも残念だけどわかることがある。

こういうとき飼い主さんにどう話すか、というのも難しい。飼い主さんは、獣医という専門家に見せれば、検査さえすれば病気の原因は見つかる、と思うかもしれないが、やはり見つけるのは簡単でないことが多いのだ。

そのような状況の場合、飼い主さんには、たとえ病気が治らなかったとしても原因をさらに調べるのか、治らないのなら原因はわからないまま対処療法でよいのか、どちらか選んでもらうようにしている。みなさんとても悩まれるけれど、これには正解はない。

★コラム　動物に少ない病気

イヌやネコは、人間でとても大きな問題となっている心筋梗塞や脳梗塞、動脈硬化など血管の障害系の病気がない。つまり血管が詰まったり、血コレステロールが沈着して硬くなり、動脈瘤《りゅう》となって破裂したりするということは、ほぼないと言っていいだろう。おそらく、コレステロールの代謝が人間とは異なるのだと思う。一方で老齢のキツネやプレーリードックでは、レントゲン検査で動脈硬化がよく見つかる。

また、人間と違うという点でいえば、虫歯もなる動物とならない動物がいる。イヌやネコの歯は、歯石がついて歯槽膿漏《のうろう》になって歯が脱落することはあるけれど、いわゆる歯に穴があくような虫歯はあまり見ない。そもそも歯の形状も人間とは異なる。

爬虫類《はちゅうるい》でも虫歯はない。ヘビの牙が虫歯になるというのは診たことがない。ただ、ウサギは虫歯のように歯に穴があくことはある。ハムスターやプレーリードッグなどにも虫歯のような症状がある。どうして虫歯になりやすかったりなりにくかったりする動物がいるのか、不勉強かもしれないが正直わからない。もしかすると口腔《こうくう》内のpH（ペーハー）や細菌叢《そう》なども関係しているのではないだろうか。

老化に伴う病気とガンは治せない?!

僕がまだ勤務医をしていた頃、院長が冗談めかして「ビタミン剤と抗生剤を打って元気にならなかったら病気」などと言っていたことがあった。つまりちょっとした体調不良は免疫力が落ちて少し細菌に感染してしまった程度の「不具合」であり、あまり大きくとらえる必要はない。

これに対し、「本当の病気」は治せない。心臓病や腎臓病などがそうだ。これらの臓器は高齢化に伴って一度悪くなってしまうと、元通りにはならない。細胞や組織の悪化や劣化は一方通行であり、病理学用語で退行性変化と言うが、この変化は、薬で進行を多少遅らせることはできても、元の健常な状態に戻ることはないのである。

ガンは増殖が収まって小さくなるという可能性もゼロではない。だから、ときどき「ガンが消えた」という話もないわけではないけれど、ペットに関していえば、進行したガンが消える見込みはほとんどない。とくに末期のガンになると、残念ながらどんな薬も効かなくなる。飼い主さんは藁にもすがる思いで、「なんでもいいから薬を出してほしい」と言うけれど、痛みがあれば痛み止めといったような状況となってしまう。

そうなる前に、外科的手術で腫瘍を根こそぎ摘出できればまだよい。しかし、発見が遅れて転移してしまっているときは助けられないことが多い。逆に言うと摘出手術するという選択肢がある時点でラッキーだと言える。ただ、逆説的になるが、多くの人は手術が成功さえすればガンから解放されると思っているが、それは正解でもあるし間違いでもある。手術をしてもガンが再発したり、見えないレベルで転移しているということもあるのだ。

ガンができる場所によっては、手術が困難ということもある。たとえば顔や、天然口といわれる鼻、口、肛門の周辺にできるようなガンは難しい。なぜなら、ガンを取りつつも、その天然口の機能も温存しなければならないからだ。ガンの手術は原則的にマージン（手術で切除するガン周囲の健康な組織の部分）を含めて大きく切り取らなければならず、大きく切り取ればそれに合わせて、周囲の皮膚や組織を複雑に縫い合わす必要が出てくる。それ故に顔や天然口周辺の腫瘍はそれが難しい。

とくに顔のガンは顔が変形して、それを見る飼い主さんも辛いだろう。口にできれば、体は元気だがガンが邪魔になってご飯が食べられず、残酷なようだが最終的には餓死のような状態で死んでゆくことになる。肛門近くにガンができれば、排便がうまくいかず介護が大変になる。

こうした場所にできたガンは生き死にはともかく、生きている間、その動物のQOL(Quality of Life)、つまり生活の質を著しく低下させるのだ。

動物に「難病」はない？

動物の病気には、薬が効かない病気、治療方法がない病気、あるいは治療方法がわからない病気、原因がわかっていないない病気がたくさんあると書いた。人間の医療ではいわゆる「難病指定」に入るような病気だ。しかし、我々獣医師はペットのある病気を指して「難病に含まれる」とは言わない。あくまでも、「治療方法がわからない病気」「原因がわかっていない病気」である。

あらためて、「難病」とは何だろうか。辞書を引くと、「治りにくい病気」「不治の病」などと定義されている。また、人間の難病対策要綱によると「⑴原因不明、治療方針未確定であり、かつ、後遺症を残す恐れが少なくない疾病、⑵経過が慢性にわたり、単に経済的な問題のみならず介護等に著しく人手を要するために家族の負担が重く、また精神的にも負担の大きい疾病」と定義されている。

そういう意味ではペットにも「難病」はたくさん存在するが、獣医療では当然人間の医療のような社会保障制度はなく、ゆえに、保障の対象となる難病の指定もない。すなわち、すべての病気が「平等」な位置づけなのだ。

そうすると、病気は等しく治さなければならないような気がしてきてしまう。また、僕らがいくら病気のことを説明しても治せないということを、飼い主さんになかなかわかっていただけないこともある。

貧血という症状を例に見てみよう。まず貧血というのは、血液中の赤血球の濃度が正常値より下がった状態のことを言う。イヌやネコの場合、四〇〜五〇％が正常値とされ、三〇％以下になると貧血と診断される。

僕ら人間は、日常的に「今日はちょっと貧血気味」とか「貧血で気持ち悪くて倒れた」などと言ったりする。ダイエットなどをしていると血液を作る材料である鉄が足りないことが原因で貧血を起こすが、これを鉄欠乏性貧血と言う。鉄剤を補充すれば回復する。だから「貧血」と言ってしまうと、あまり緊張感はない。

同じ貧血の症状でも、免疫が関与した貧血がある。イヌによく見られる自己免疫性溶血性貧血という病気だ。自身の過剰な免疫反応で自分の赤血球を異物として認識し、攻撃をして壊して貧血にさせてしまうという病気だ。あるいは、血液を作る場所の骨髄に異常があって、血液が作られない病気、再生不良性貧血という病気もある。いずれもイヌにとっては深刻な状況だ。

しかし、貧血の症状のイヌから、それらの病気を説明しても飼い主さんはピンとこないし、よけい混乱してしまうだろう。だから「貧血です」というところから説明するのだが、前述したように人間的な貧血のイメージが先行して、深刻さが十分に伝わらない。

これらの病気は、人間であれば難病指定の病気だ。実際、飼い主さんに、「人間で言うと、難病指定になるような病気です」と言って説明してようやく事の重大さに気づいてもらえることもある。

こういったケースはとても多いので、いっそ、イヌやネコにも難病指定を作ってくれたらよいのにと思う。「難病指定の病気でこれから大変ですが頑張っていきましょう」と堂々と言えたら、その状況は非常に残念だけれど、飼い主さんの病気に向かう姿勢も変わるだろう。

「治る」と「治らない」の境界線

飼い主さんからよく、「治るんだったら治療するけれど、治らないならもういいです」と言われることがある。飼い主さんとしては、治るのか治らないのか、その「境目」を知りた

貧血といっても
原因はさまざま
ダイエット中の貧血には
鉄分補給で
Fe
フラ…
自分の免疫が
自分の赤血球を
攻撃する難病、
自己免疫性溶血性貧血
やっつける!

いというわけだ。

先ほど、治る病気と治らない病気があると書いた。でもいわゆる「治らない病気」ではなくても、実際のところ本当に治るかどうかわからない、というのが医療の現場というものだ。やってみてうまくいけば治るし、うまくいかなければ治らない、その程度のものなのである。

少し前、知り合いの子どもが溶連菌に感染した。溶連菌感染症は、溶血性連鎖球菌という細菌が感染し、発熱や喉の腫れを引き起こす。しっかりと抗生物質を使って治療しなければ、腎臓に感染して重篤になることが稀にある。逆に抗生物質をきちんと投与すれば絶対に大丈夫かというと、そうとも言えない。多くの病気は一〇〇%元気になるという保証はない。

これが一般的な風邪であれば、お医者さんは薬を出して「暖かくしていれば大丈夫でしょう」と言うかもしれない。それでも「絶対に大丈夫」ということはない。患者さんの生活習慣を聞いたり、顔色を見たりして、「これならまあいいだろう」と総合的に判断して、「大丈夫でしょう」と言っているだけである。言ってみれば、お医者さんが長年培った経験とカンによるものである。

だから、「別の病院で平気だと言われたけれど、調べてみたら重篤な病気だった」ということが起こるのである。「大丈夫」というのはあくまで、経験に基づいた統計学的判断にすぎないのである。

もしも医学書に、「本疾患は、確定診断して治療すれば一〇〇%治る」と書いてあれば、僕らも「一〇〇%治ります」と言える。でも通常、そういう書き方はされていない。治りやすい病気の場合には、ただ一言「治療をすれば予後はよい」と書いてある。予後とは、ある病気に対して、その動物がたどる経過と結末に関する見通しであり、予想される後のことだ。それを読むと僕らも「治療すれば大丈夫なんだ」と判断する。逆に「治療をしても予後は悪い」と書いてあれば、「治療してもだめなんだ」と考える。

病気の中には「治療によって予後はさまざま」と書いてあるものもある。そうすると「治療に対する効果はさまざまなんだな」と思う。僕らの判断基準というのはだいたいそんなものなのだ。

なので風邪なら「予後はよいだろう」となるけれど、エボラ出血熱だと「予後は悪い」ということになる。これが溶連菌感染症だと「予後はさまざま」という解釈になる。だから、そういうものについて、いくら「治りますか?」と聞かれても、さまざまなのだからはっきりと答えることができなくなるのだ。

また、予後がよい病気が治療しやすいかというと、そうとも限らない。何をもって治療しやすいと言うかだが、ペットの治療の場合いくつかの要因が絡んでくる。大きな要素として、薬をちゃんと飲んでくれるかどうかだ。ネコは味覚にうるさく、神経質で、薬を餌に混ぜると察して餌を食べなくなることが少なくない。だから、薬を飲んだら予後がよい病気でも、飲んでくれないとなかなか治すことができないのだ。

カメになるとさらに難しい。カメの肺炎は冬によく見られる病気で、通常は三週間ほど抗生物質を投与するとよくなることが多い。しかし、肺炎になっているカメは餌を食べないなので、餌に混ぜたりして飲ませることは難しい。ではどうやって薬を飲ませるのか、ということが問題になる。むりやり飲ませようとしても、カメなので首をひっこめてしまい飲ませることができない。

僕であれば注射で薬を投与すればよいのだが、飼い主さんに注射をしてもらうのはなかなかハードルが高い。入院させて毎日僕が注射を打ってもいいけれど、経済的負担が大きい。通院していただいてもよいけれど、移動はカメにとってストレスになるし、仕事のある飼い主さんにとって毎日通うのは難しいだろう。

このように治療の難しさというのは、病気の要因だけではないのである。とくに動物病院では、動物の種類や飼い主さんの生活スタイル、経済観念の違いなど、いろいろなファクターが含まれる。

高度医療をどう考えるか

日本の獣医療レベルは、欧米などに比べると、まだまだ遅れているところも多いと言われる。とくにエキゾチックアニマルといわれるイヌネコ以外の動物の医療は、かなり遅れているほうだ。そもそも大学の授業で爬虫類などのエキゾチックアニマルは勉強しないということはすでに書いた。もちろん、獣医師国家医師試験にエキゾチックアニマルの問題は出ていなかったのである。動物種ではウシ、ウマ、ブタ、ニワトリ、イヌがメインで、ネコが少し、ようやく三〜四年くらい前から社会のニーズを受けて、ウサギとフェレットの問題が一〜二題初めて入った。それだけウサギやフェレットをペットとして飼っている人が以前より格段に多く、社会的ニーズが増えたことの裏返しであろう。

こうした中、海外に留学し、最新の獣医療を学ぶ人も増えた。僕が獣医学を学んでいた頃に比べると、アメリカなどの大学への留学はずいぶん身近になったものだ。

ところで、獣医療はどこまで進んでいるのだろうか。近年は人間の医療に近づいていて、人間でできることは、動物でもできるようになってきている。

イヌネコに限られるが、全国には大学病院で高度医療が行われており、それらは欧米諸国と変わらないレベルで行われている。その中には抗ガン剤治療、放射線治療、さらには脳外科や心臓外科などがある。脳外科では頭を開けて脳腫瘍などを摘出する開頭手術、心臓外科では心臓を開けて弁を取り換えるような開心術も行われている。

心臓手術成功数世界一という日本人の獣医師が書いた『愛犬が「僧帽弁閉鎖不全症」と診断されたら読む本』（上地《うえち》正実《まさみ》著、幻冬舎）を読むと、心臓の中の弁を取り換える手術は一件一五〇万円ほどするそうだが、月に一〇件は行われると書いてある。

ただ正直に言うと、僕は、高度医療自体にはあまり興味がない。というか僕は町医者として生きているので、そういった高度医療をするには高額な機械や多くのスタッフ、膨大な知識と確かな技術がないとできないので、興味があったとしても簡単にできるものではない。やはり大学などの専門家に任せたいと思っている。

高度医療が必要となるような病気は、心臓病であれ脳腫瘍であれ高齢でなることが多い。動物の残りの寿命があと数年というときに、獣医学の粋を集めて、非常に高額な医療費をかけて一年でも二年でも寿命を延ばそうとすることが、はたしてその動物にとって幸せなことかどうか僕にはいまのところよくわからずにいる。ただし、何度も書いてきたが、ペットの命の価値観は飼い主さんにゆだねられるので、いまは飼い主さんが望めばそのようなことも可能になっている。決して高度医療を否定しているわけではない。チャレンジなくして進歩はないし、いま「高度」医療であっても、いつかはそれが普通になる時代になることもあるだろう。ただ、人間の医療も獣医療も同じだが、医学技術の進歩と人間の価値観、倫理観というものがうまくリンクして進んでいくことが重要だと思っている。

延命治療をどこまでするか

延命治療についても、僕は何が何でも一日でも長く延命をするということに少し疑問を持っている。

そもそも延命とは何だろうか。おそらくは、回復の見込みのない動物に対して人工呼吸、栄養点滴、強制給餌（注射器やスポイトなどを使って栄養を流し込むこと）を行い、数日もしくは数か月という期間、生命を延長させることになるだろうか。だが、これは延命治療に対してのごく一部の解釈であり、その周囲にはさまざまな程度の延命治療があるだろう。

人間の医療ではとくに、延命治療に関して胃ろうをするしない、という大きな議論がある。胃ろうとは、自ら食事をとれなくなった患者のお腹に穴をあけ、チューブを設置し胃に直接栄養を流し込む処置だ。

以前、NHKの番組（「延命治療をやめられますか」二〇一五年一〇月放映）を見ていたら、寝たきりで食べられなくなった老人に胃ろうをしたものの、どこまで介護したらいいのか家族が悩んでいる場面があった。それに対し、医者が「患者さんはこうなっても苦しんではいないので、そんなに思い詰めないほうがいいのではないか」と言っているのを見て、ペットも場合も同じだと思った。

僕の病院でも、ちょうど一七歳になるミニチュアダックスが寝たきりとなり、食事もとれなくなりその飼い主さんは点滴のため毎日通院していたが、見通しのつかない介護が続いていた。あるとき、「先生、私、どこまでやっていいかわからなくなってしまって、どうしていいかわからない」と涙をためておっしゃった。

その方は、どこまで点滴を続けるかはご自身の問題だということもよく理解しているものの、でも決められないと言う。それに対して僕は、「私が感じるところがあって、あとは家で看てくださいと言ったときは、もう長くはない、だめかもという意味ですから、それまでは通ってみてはどうですか」とお伝えした。

ご飯が食べられなくなったペットの飼い主さんは、みんな口を揃えたように「食べないことを見ているのが辛い」と言う。でも、動物が食べないのは生命活動がだんだん落ちてきて、体がエネルギーを必要としなくなってきて、お腹も空かない状態になっているためだ。

積極的な生命活動を行っている場合には、細胞内のミトコンドリアが酸素を使ってエネルギーをつくっているのだが、老化であったり病気であったりして活動が落ちてくると、エネルギーを作る必要がなくなってくる。このためお腹も減らない。だから食べないことは、お腹が空いてひもじいとか、お腹が空いて死にそうだと思うような苦痛はない。むしろ、そんなに食べたくない状況において、無理やり流動食を流し込む方が本人は辛いかもしれない。

また、元気を失ったペットを「酸素室に入れてください」という飼い主さんも多い。酸素室に入れると元気になってくる、というイメージがあるかもしれない。しかし、これもあくまで肺や心臓に問題があって息苦しいとき、すなわち体が酸素を必要としているときに意味があるのであって、その他のことで苦しいときには意味をなさないことが多い。

「食事をなんとか食べさせたい」「酸素室に入れれば楽になるはず」というのは、「ご飯を食べないのを見ているのがつらい」とか「横になっている姿がかわいそう」というそれを見る人間側の思いであって、それが必ずしも動物がそういう気持ちとは限らない。

もしも、いろいろな治療を希望する飼い主さんのためだけを考えれば、もっと積極的に治療を続けたほうがいいだろう。動物が元気なときは「延命はしないでください」と言っていても、いざというとき「なんとかなりませんか」と言う飼い主さんはとても多い。

でも僕は、人のペットであろうと、最終的には僕自身の価値観に基づいて、動物に対して意味があるとは思えない延命治療はしないように、といつも思って仕事をしている。目の輝きや粘膜の色、心臓の音、検査結果の数字を見て、もうこれはいよいよだめだということが感じられたときに命を長引かせようとすることは、動物にとっていい迷惑なのかもしれないと思うからだ。それに、延命治療をしたからといって、その先何か月や何年も生きられるわけではない。そういった状況の中でどうすべきかは、獣医師と飼い主さんがきちんと話をして決めていく必要があると思う。

最期は家で看取る

前述した一七歳のミニチュアダックスは、その後も数日通っていただいたが、今日が最期だろうという日が来た。これは獣医師のカンとでもいうのだろうか、長年やっていると「ああ、最期なんだな」というのがわかるようになる。

飼い主さんには「今日は点滴しないで、帰っていただいたほうがいいんじゃないでしょうか」とお話しした。痛くもないし、害にもならない点滴をしてもよかったが、自分のペットだったらやらないだろうということを、飼い主さんに勧めたくなかったのだ。

この飼い主さんとは開業当初からのお付き合いで、おそらく僕の考え方を全部わかってくれていたのだろうと思う。「そうですか」と穏やかな顔になって帰っていかれた。そしてその日の夕方、ミニチュアダックスは一七年間暮らした家で、飼い主さんに見守られ静かに亡くなった。

僕はいよいよというときには、可能な限り家に帰すようにしている。なぜなら、ペットとはいえ命を飼うというのは、死ぬのを看取ることで完結すると思っているからだ。もっと言うと、始めのきっかけはちょっとした自分の欲で飼ったのだから、目の前で死んでゆくのを看取ることは飼い主さんの使命だと思っている。死を目の当たりするのは怖いかもしれないけれど、自分の家族の一員が死ぬ瞬間に立ち会ってほしいし、また、ペット自身も長年暮らした家で最期を迎えたいだろうと思うからだ。おこがましい言い方になってしまうが、元気でいいときしかペットを見ないのでは、その後も飼い主さんとして成長はできないと思う。

あるいは、大きな病気が見つかり、治らないとわかったときも同じだ。助けられないということを伝えると、飼い主さんはすごく動揺する。パニックになったり泣き出したりする人もいる。僕も動物を飼ってきたのでその気持ちはよくわかる。仕方のないことだけれど、ずっと動揺と悲しみに暮れている飼い主さんを前に、僕は少しぶっきらぼうになってしまう。それは飼い主さんに冷たくしているわけでも、「もうだめだ」と治療をあきらめているわけでもない。もちろん、相談にはいくらでものる。

けれど、治らないものは治らないと受けてとめてほしい。それが命たるものだと知ってほしいからだ。助からないという悲しみや辛さに耐えること、目の前で消えてゆく命を最期まできちんと見届けることが、命を飼うということだと、僕は思う。

じつは、こんなふうに思うようになったのは、開業してからのことだ。勤務医のときは、飼い主さんに親身になって、相手の心に寄り添うのがいいと思っていた。飼い主さんの辛い思いに共感して、一緒に悲しみを分かち合おうとしていた。けれども結局、死は必ず訪れる。本来の獣医師の仕事は、死が近い動物に対して苦しみや痛みを和らげることなのに、飼い主さんの気持ちをおもんぱかってばかりいると、治療に集中できなくなってしまう。実際、一緒に寄り添えば寄り添うほど飼い主さんの苦悩は深くなって、先の見えない暗闇に一緒にいることになり、お互いの傷はより深いものになると知るようになった。これでは動物も飼い主さんも不幸にする気がして、僕の考えも変わっていった。

命を飼うとは 最期を看取ること

でも最近、仲間の獣医師からのメールで、「僕らは動物第一でやってきたために、飼い主さんに対する説明や歩み寄りを忘れがちになってしまっているんじゃないか」というようなことを指摘された。確かにそれもそうだなと思った。飼い主さんを安心させるのも仕事なのだが、僕は動物を一番に考えてきて、どこかで飼い主さんの気持ちを置いてきてしまったところがあったかもしれない。ではどうしたらいいのか。まだ、僕にはわからない。

以前にも書いたが、日本の獣医学は主に家畜の疾病を基盤としているので、当然、飼い主さんとのコミュニケーションに関する教育がない。ようやく一、二校の大学で、獣医療面接という問診の取り方の教育が試みられるようになってきたところだ。とくに、治らない病気や死にゆく動物を前に悲しみに暮れている飼い主さんへの対応の仕方などは、まったく学ぶことがない。

人間の方では、とくに死別に直面し、悲嘆に暮れる人への心のケアをグリーフケアと言う。このケアは、担当した医師とはまったく別の方が行い、悲しみから立ち直れるように支援することが行われている。しかし、現在のところペットが死んで悲しみに暮れている飼い主さんに対応する一番身近な存在は獣医だ。しかし、獣医はそういった教育や考えを誰からも教わってはこないので、獣医師一人一人が命に対する考えや信念や思想をもって対応していかなければならない。

安楽死について

この原稿を書いている間、高齢で具合の悪いチワワが通院していた。飼い主さんは来るたびに、「辛そうにしているのが見ていられない、安楽死をしてほしい」と言い続けた。

そのチワワは、確かに心臓も腎臓も悪くて先が長くないことは明らかだったが、まだ歩いたり、ご飯も少しだが食べたりしていた。それで僕のほうも言われるたびに、「どうしても安楽死しなければいけないような状況になったら言いますから、もう少し耐えましょう」と飼い主さんに言い続けていた。

ペットの死が近づくと、「辛そうで見ていられないから、安楽死をしてほしい」という人もいる。命が終わりに近づけば、徘徊《はいかい》したり、昏睡《こんすい》したり、痙攣《けいれん》したり、餌を食べなくなったり、そういうことも起きるだろう。はじめてペットを飼ったときはわからないかもしれないけれど、命とはそういうものだから、過剰にとらわれる必要はないと僕は思う。

もっとも、かく言う僕自身も駆け出しの頃、自分で診察している動物の死が不安で不安でたまらなかった。不安だから、どうしても過剰に診療をしようとしてしまっていた。でも、動物と飼い主さんのことを考えると、過剰に診察することがよいとは言えないと思うようになった。「もしも容体が急変したら……」という不安はあるが、そこはやはりこちらも耐えるべきなのだ。そうして経験を積むうちに、「この動物は一日、様子を見ても大丈夫だろう」「この治療でいまは問題ない」などと判断できるようになる。そうなるまでに、僕は大学を卒業してから一〇年くらいかかった。

安楽死をのぞむ飼い主さんも、きっと同じように不安で不安でしょうがないのだと思う。死ぬときに七転八倒するとか鳴き叫ぶとか、とにかくすごく苦しむのではないかという恐怖が大きくなりすぎて、安楽死をしてほしいと思ってしまうのだろう。

たしかに心臓病など、最期に苦しむ病気はある。でも、そういう病気は実際にはそれほど多くない。少なくとも老衰や、腎臓や肝臓などの臓器が傷む慢性疾患は、本当に自然に眠るように死んでゆくものだ。

だから僕は、慢性疾患でだんだん弱っていく動物に対して、安楽死は可能な限りしない。なぜなら、それが自然死だと思うからだ。安楽死をするのは、たとえば体に異常はなくても、咽喉に腫瘍があって食事がとれず、あとは餓死を待つしかない状態であるとか、痛みが強すぎてかつ先が長くないとか、肺に水が溜まって苦しくて仕方がなく、明日までもたないだろうという状況に限る。

ただ、安楽死については、獣医さんの考え方もいろいろだ。獣医療においては安楽死のガイドラインがない。もちろん、国や民族によりその思想や状況は異なる。

たとえばアメリカでは、獣医が治らないと判断したケースにおいて、日本よりずいぶん早い段階で安楽死を行う傾向があるという。むしろ、苦しまずに死を迎える安楽死こそが、動物愛護の精神にのっとっていると考えられているようだ。

この点日本人は逆で、最期まで闘うという〝がんばる精神〟が強い。倒れるときは前のめり、というようなところもある。安楽死は、途中で治療や介護を投げ出してしまったように思う人もいる。どちらがいいのか、正直わからない。いずれにしても、日本でもペットの安楽死について、もっと議論された方がいいのではないかと思う。

奇跡は起きるのか

安楽死をのぞむ人がいる一方で、治らない病気も、頑張って治療をしているといつか奇跡が起こって治るのではないかと信じている人もいる。実際、生きているのが不思議な状況から復活して、「これは奇跡だ」と感じることがある。

この前も、いまにも死にそうなウサギがやってきた。胸には水が溜まって呼吸は苦しそうだ。腎臓病の末期で、腎臓の数値は機械の検出限界値を全部振り切るほど悪かった。獣医さん一〇〇人に聞いたら、おそらく一〇〇人全員が「絶対近い将来死んでしまう」という症例だろう。

これはもう手の施しようがない。飼い主さんにそうお話しし、ウサギを家に連れて帰ってもらった。ところが三日後、連絡があった。「すごく元気になって飛びまわっています！奇跡です！」と言う。確かに奇跡とも言えなくないくらいの状況に僕もとても驚いた。

ただ、そのウサギがこの先、一年や二年、生きられるかと言ったら、残念ながらそうはならないだろう。腎臓病が治って、健康的な生活に戻ることは残念ながら絶対にない。やはりウサギは二週間後に死んでしまった。

だから現実的には、その一瞬が僕や飼い主さんにとって奇跡だったということ。それはそれですごいことだし、僕ももちろん嬉しい。けれど前にも書いたが、退行性変化を伴う慢性的な病気で臓器が悪くなってしまうと、元には戻らない。あくまでも、一時的に症状が見えないだけなのだ。

多くの飼い主さんは、症状が見えなくなって治《おさ》まっている状態を、治《なお》ったと思ってしまう。

治《なお》ると治《おさ》まるは、同じ字を書くけれどまったく違う。

たとえば、胸腔に水が溜まる病気がある。これは、心臓病やガンが進行した結果としてよく起きるものだ。胸に針を刺して水を抜けば、一時的には楽にはなって、元気になり、よくなった、治ったように見えると思う。けれども、水が溜まる原因である心臓や腫瘍はそのままなので、数日すればまた同じように水は溜まる。

あるいは、リンパ腫という血液のガンがある。抗ガン治療をすると最初は劇的に元気になる。それで飼い主さんは「治《なお》った！」と喜ばれるが、これも残念ながら治《おさ》まっているだけで、治《なお》ったわけではない。とくにガンの場合は、抗ガン治療を一定期間行い、その後、治療をしなくても症状を表さない状態を「寛解《かんかい》」と言う。それは逆に言うと治《なお》った状態である「治癒」とは厳密に区別される。

ときどき、死んだばかりのイヌやネコを連れてきて、「先生、助けてください！」と大泣きする飼い主さんがいる。

もしこれが、何かの事故で一時的に心臓が止まったということであれば、心臓マッサージをすることで生き返るかもしれない。でも、老衰や慢性疾患など、死ぬべくして死んだものは、全身の細胞が力尽きたことを意味しているので、心臓マッサージをしても生き返って健康になることはない。宝くじの一等が当たるより可能性は低く、そこに奇跡はないのである。

僕はむしろ、飼い主さんに「死んでいる」ということを、きちんと伝えることが獣医の仕事ではないかと考える。だから僕の病院では、死んだ動物を飼い主さんが連れてきたときには、心臓マッサージはよほどのことがなければ行うことはしない。あくまで「残念ながらもう死んでいます」ということを伝えるようにしている。

結局、奇跡というのは起きないから「奇跡」なのである。もし「これは奇跡です！」としょっちゅう言う獣医師がいるとしたら、見立てが甘いだけだと僕は思う。

命が終わるということ

動物の死の判定とは、どのように行われるだろうか。まず、哺乳類の場合、心臓の停止、瞳孔が開く、呼吸停止を見て判定する。

けれど、爬虫類の場合は、死んでいるか生きているかわからないことがある。最近、ヘビの大手術をしたのだが、術後二日間まったく動かず力も完全に抜けており、ダラリとしていた。見た目は完全に死んでいるかのようだった。爬虫類の死は、きわめて判断が付きにくいことは身を持って知っているつもりだったが、それにしてもダメだろう思っていた。しかし念のため、エコーで心臓を見てみるとゆっくりだが心臓は動いていた。そのまま置いておいたら、二日後に動き出したのだ。

「生きていたよ……」

安堵《あんど》と驚愕《きょうがく》で、思わず言葉がこぼれ出た。その一週間後には餌まで食べるまでに回復した。代謝の遅い爬虫類には、哺乳類では想像を絶することが起こるものである。

では、命が終わるというのは、生物学的にどういう状態だろうか。究極的には、細胞が活動できなくなったということだ。簡単に言うと、血液を送り出す心臓が止まると、血液で運搬されている酸素が供給されなくなる。そうすると細胞は呼吸できず、細胞がエネルギーを作り出すサイクルも止まってしまう。車でいうところのガソリンがなくなってガス欠を起こした状態だ。

ペットが死んだあとによく「死因はなんですか」と聞かれる。これはなかなか難しい。純粋に老衰で死ぬというのは、病気で死ぬほど多くない。また、老衰の定義というのも難しいところだ。先ほど書いたミニチュアダックスは、亡くなる二、三日前元気はなかったが、調べた限りの血液検査はすべて正常だった。こういった症例は老衰で亡くなったと言えるだろう。まさに「大往生です」という感じだった。

爬虫類の死の判断は難しい

病気で亡くなる場合、たとえば腎臓病であれば、最終的に血液中に尿毒素が溜まり、第一章で説明したナトリウム、カリウム、クロール、カルシウム、リンなどの細胞を働かせるために重要な電解質のバランスが崩れて死に至る。また、ガンの場合は原発巣にしろ転移巣にしろ、病巣となった臓器に無秩序にガン細胞が増えて臓器が担う正常な機能を保てなくなってしまって死亡させる。いずれにしても一つの生命体が死ぬということには、単一ではなく、複合的な要因がある。

病気で死んだ動物の解剖をしてみると、肺にも肝臓にも心臓にも病変があったりする。そこから、責任病変といって最終的に死ぬ原因になった病変はどこかというのを、バランスよく見てゆくのだ。その上で、最終的には心不全で亡くなった、腎不全で亡くなったなどと判断する。

言うなれば、全焼火災の火元を探すような感じだ。火災の原因を具体的にどう捜しているか僕は詳しいことは知らないのだが、きっといろいろな要因を考えているのだろうと思う。死因の特定もそれと似ている。

また、生前に診断がついておらず、どういう病気で死んだのかまったくわからないことも多い。こういうとき、病理解剖をすると、そこから新しい病気が見つかることもある。たとえば同じ病原体が感染しても、動物種が違うと病変が違うというケースはざらにある。なぜかと言うと、どんな病変が出るかは、その動物特有の免疫が働いて病気と闘った痕跡なので、動物によって当然違ってしかるべきなのだ。

これを専門にやっているのが大学の病理学者だ。最近ではペット動物の病理検査、病理解剖を専門にしている会社があり、依頼すると、病理医が、解剖を行い、採取した組織から原因を捜してくれる。病理学的知識を駆使し、僕ら臨床医よりもずっと精度の高い鋭い目をもって、解剖を行い、原因を見つけ出す。それでも死因を特定できないこともあるという。なんども言ってきたが、それくらい死ぬということは複雑なのだ。

開業一〇年を超えて想うこと

これを書いているいま、僕は獣医師になって一八年、病院は開業して一三年目になる。病院を始めた当初から通ってくださっている方もいて、僕も飼い主さんも年を取ったが、赤ちゃんだったイヌやネコたちも、もうだいぶ高齢になり寿命を迎える頃だ。当たり前だが、僕はたくさんの動物の死を見てきた。だから、動物が亡くなることは仕方のないことだと自然に受け入れられるようなった。それでも飼い主さんが悲しみに暮れている姿を見るのには、一向に慣れることができないでいる。一〇年以上、いいときも悪いときも共に歩んできたのだ。ずっと来てくれていた飼い主さんが、最期に「本当に小さい頃から診てもらって」と泣いている姿を見るのは、とても切なく、かける言葉を失う。

とくに今年の冬は、開業当時から診ていた動物が立て続けに亡くなることが多かった。ゆりかごから墓場までペットの一生を診るのが町医者の役目だとすると、いったん仕事を終えた気持ちで、なんだか一周してしまった気がする。

もういっそ、沖縄やアマゾンにでも住んで、動物と自然とに囲まれて生きたいと思うこともある。でも結局僕はそんな勇気もないし、生きる術《すべ》もない。こうやって人間に飼われている動物の命を相手に、現場でやってゆくことしかできないだろう。

一三年前、臨床の現場で動物の命を救おうと情熱の塊で病院を始めた。たくさんの動物を痛みや病気から救ったと思う。同時に命は絶対に終わることを思い知った一三年間だった。一周して少し疲れてきてはいるけれど、またその原点に立ち戻るようなきっかけに出会うのではないか、そう思って、また次の一周の、新たな命に臨んで行こうと思っている。

あとがき

生き物と向き合う仕事を続けていくということは、どんな心構えが必要だろうか。それは、諦めない気持ちと継続する力だと思う。現場はいつも迷いの連続だ。やればやるほど、わからないということがわかってくる。そのわからないことに対する不安に耐える忍耐も必要だ。生命科学という学問は答えありきではなく、答えを自ら造っていくという創作活動に近いものだ。だからこれだけやればいいというのではなく、いつも考え、前進していく気持ちが大切だ。

そもそも生き物と付き合うということは、たとえば、イヌやネコであれば一〇年以上、爬《は》虫類《ちゅうるい》ではそれ以上の長いスパンでその動物と向き合うことになる。僕が今でも飼っているヒョウモントカゲモドキという二〇センチにも満たないヤモリは、大学三年のときに購入して、すでに二〇年以上共に過ごしている。正直、僕の人生の中で誰よりも一緒にいる時間が長い。

二〇一四年、僕は獣医学の博士号を取得した。その研究では一〇〇〇匹近いカエルの皮膚を綿棒で拭って、そこに付いているカビの遺伝子を調べた。仕事をしながら研究していたので、終えるのに六年間もかかってしまった。でも、その成果は海外の科学雑誌に掲載された。決して出来のよい頭を持たない僕でも、継続すれば一つのことにたどり着くことができた。しかし、その間、ずっと飽きずに同じことを継続しなければならない。生き物を相手に何かをしようとするには、それくらいの根気が必要なのだ。

僕の忍耐力や根気の土台は、おそらく中学と高校の六年間の部活で培われたものだろう。当時、僕は剣道部でかなり激しく練習に明け暮れていた。自宅から学校までが遠かったので、朝七時半からの朝練に出るためには、六時四五分には家を出なければいけない。毎日毎日、片道四五分をかけ、文字通り、雨の日も雪の日も自転車をこいで通った。放課後も当然練習があり、帰宅するのはいつも日が暮れてからだった。

休みは年間一〇日ほどと、ほとんどなかった。僕は体も丈夫で、家族旅行も行かなかったので、めったに休んだことがなかった。一年のうち三四〇日くらいは部活に通っていたことになる。

いま考えると、毎日言われるがまま練習をこなしており、主体性のない盲目的な生活だった。けれど、決まったことを粛々とこなすことはさほど苦にならなかった。続けていれば何か見えてくるんじゃないかと、漠然と信じていた。実際、中学で剣道部に入ったときは、小学生から剣道を習っている仲間もたくさんいたが、僕はまったくのゼロからのスタートだった。最初はその仲間たちに追いつける気はしなかったけれど、最終的には選手として、学校の代表として試合に出るまでになった。自分で言うのもなんだけれど、根がまじめで、さぼったら何か悪いことをしたような気がする性格がそうさせたのかもしれない。

大学では、中学・高校の反動で、今度は探検部に入った。こちらは真逆でまったく何もなく、すべてが自由だった。代わりに、自分の力で作り上げていかなければ何も生まれないところでもあった。先輩からは「探検しろ」としか言われないので、いまだ見ぬ土地がないか図書館や古本屋さんに足しげく通い、いろいろな本を読んで面白いと思える場所があれば、どういう目的で探検するか、それにはどんな装備が必要で、事前にどんな技術を身につけておかなければならないかを企画書に書いた。部の承認が得られたら、事前に十分な準備を行い、いよいよ実際に現地に赴く。僕は未知を求めて西表島《いりおもてじま》や東南アジア、アマゾンにまで行った。

このときのチャレンジした体験があったからこそ、いま、診療の現場で診たことのない動物や病気が来ても、何か問題が起きてもなんとかしようと思えるのだと思う。

もう一つ、部活でも勉強でも仕事でも何か一つのことを成し遂げるのにとても大切だと思うのは、やってみて多少自分に合わないと思っても、とりあえず「まあこれでもいいか」というくらいの軽い気持ちを持つことだ。そもそも、この世の中に完全に自分にぴったり合うものなんてないと思う。自分にとっての一〇〇%を探し求めるより、まずまずのところで自分からも歩み寄り、合わせてゆくことも大切だ。

学校にしても仕事にしても、どんなに好きなことをしていても必ず不満はつきものだろう。長くやれば飽きてしまって、他のことをしたいと思うかもしれない。でも同じことを一〇年くらいは続けないと、自分の人生は見えてこないと思っている。

そして、好きなことはとことん追求したほうがいい。周りからの批判も多いかもしれないが、それに負けないだけの気持ちが大切だ。僕は高校のとき、獣医学科に進学したいと言ったら、先生からも親からも反対された。成績は普通よりも悪いくらいだったので、偏差値の高い獣医学部は学力的に無理だと言われたのだ。でもどうしても行きたくて、勉強はまったく好きになれなかったけれど、頑張って勉強して何とか合格していまの僕がある。

若い頃の勉強は、決まりきっていてつまらないことばかりだろう。でも、将来生き物を相手にする仕事につきたいのであれば、その決まりきった勉強も夢に近づく一歩だと思って向き合ってほしい。本書で言えば、一章、二章のような細胞や生理学的な細かくて基礎的で面白くもなんともないことでも同じだ。でも、それを知らなければ命の本質を考えることも、扱うことも、もちろん助けることもできないのだ。もし生き物を扱う仕事につけることができれば、その後は決まりきっていない無限に広がる生命科学という広大なフィールドに身を置いて、あとは自分で考えて開拓していけばいいのだ。

最後に僕がいつも心に刻んでいる言葉で本書を終えたいと思う。「千里の道も一歩から」。くじけそうになったとき、歩みが止まったとき、先が見えなくなったとき、ぜひ思い出してみてほしい。

◎生き物と向き合うためにぜひ読んでおきたいブックガイド

本書の内容の理解をより深めたり、知識を増やすための五冊を紹介します。

＊生き物の面白さ、魅力を再認識する

『ソロモンの指環《ゆびわ》──動物行動学入門』
コンラート・ローレンツ（著）・日高 敏隆（翻訳）／早川書房・一九九八

オーストリアの動物行動学者の父とも呼ばれる著者は、自分でたくさんの動物を飼育し、当時ほとんど言語化されていなかった「動物の行動」をつぶさに観察することで、学問として確立する。今では常識になりつつある、鳥が卵から孵化《ふか》した時にはじめて見るものを親として認識する「刷り込み」現象の名付け親。一九七三年にノーベル医学生理学賞を受賞する。子供から大人まで生き物の種類を問わず、その魅力と素晴らしさ奥深さ、動物行動学の楽しさを教えてくれる動物関連本の金字塔。

＊解剖学、生理学を学ぶ

『ビジュアルで学ぶ　伴侶《はんりょ》動物　解剖生理学』
浅利 昌男・大石 元治（監修）／緑書房・二〇一五

本書は獣医学生や動物看護師のためのテキストではあるが、動物の構造と体の働きがわかる豊富なイラストで構成されており、解剖学、生理学の基礎、比較解剖学が系統立てて簡潔に解説され、生物が好きな一般の方もしっかり勉強できる内容となっている。専門書として動物の解剖学や生理学はたくさん出版されているが、本書のようにカラーでイヌ、ネコ、ウサギ、鳥類にまで様々な種類に言及している本はほとんどみない。また、要所で豆知識的なコラムや各章終わりには確認問題が掲載され、自分の知識アップの確認にも役立つ。

＊人と動物の病気を考える

『人間と動物の病気を一緒にみる――医療を変える汎動物学《ズービキティ》の発想』

バーバラ・N・ホロウィッツ、キャスリン・バウアーズ（著）・土屋晶子（翻訳）／インターシフト・二〇一四

著者はアメリカのヒトの心臓専門医である。医師は、ヒトの病気を対象として治療するが、獣医師はヒト以外の動物をすべて対象としている。人間も動物もガンや糖尿病、肥満など共通する疾患は無数にある。しかしながら、これまで医師と獣医師の情報の共有はほとんどなされなかったことに言及し、筆者はヒトの医学と獣医学のふたつの文化を融合させる試みとして「汎動物学」という言葉を造り、その二つの学問の共通性を説いている。いままでにありそうでなかったヒトも動物の一種であるという視点からの病気に関する考察は興味深い。

＊獣医師の仕事を知る

『動物病院24時――獣医師ニックの長い長い一日』

ニック・トラウト（著）・桃井緑美子《るみこ》（翻訳）／NTT出版・二〇〇九

おそらく世界最大の動物病院、「ボストン・エンジェル動物医療センター」。そこで日々起きる出来事を描いている。しかし、よくある動物病院事件簿的なエッセーに留まらず、ペット医療の問題点や飼い主、獣医師の心情、心理も詳しく描かれている。また、アメリカを舞台としたものであるが、主人公が現場で感じる獣医師の心の葛藤《かっとう》は、日本の獣医師となんら変わらないことに驚かされる。

＊動物倫理を考える

『マンガで学ぶ動物倫理――わたしたちは動物とどうつきあえばよいのか』

伊勢田 哲治（著）・なつたか（マンガ）／化学同人・二〇一五

ペットと実験動物、食べる動物である家畜の命としての違い、動物園の存在意義、野生動物の保護など、動物に関するとても難しい問題の二律背反をマンガを使って楽しく、かつ、押し付けがましくないタッチで動物倫理を「考える」きっかけをつくってくれる。各章にあげられるテーマは「命を大事にする」を前提に設定されており、生き物に向かい合う仕事に就きたい若い人たちが各々のテーマに関して自身の考えを持っておくことは決して無駄ではないだろう。

ちくまプリマー新書 249

生《い》き物《もの》と向《む》き合《あ》う仕事《しごと》

二〇一六年二月十日　初版第一刷発行
二〇二二年一月十日　初版第二刷発行

著者　田向健一（たむかい・けんいち）
装幀　クラフト・エヴィング商會
発行者　喜入冬子
発行所　株式会社筑摩書房
東京都台東区蔵前二‐五‐三　〒一一一‐八七五五
電話番号　〇三‐五六八七‐二六〇一（代表）
印刷・製本　株式会社精興社

ISBN978-4-480-68953-5 C0245　Printed in Japan